读客®文化

让孩子像哲学家一样会思考

张玮　沈文婕　著

江苏凤凰文艺出版社
JIANGSU PHOENIX LITERATURE AND ART PUBLISHING

图书在版编目（CIP）数据

让孩子像哲学家一样会思考 / 张玮，沈文婕著. --
南京：江苏凤凰文艺出版社，2021.2（2023.3重印）
ISBN 978-7-5594-5598-7

Ⅰ. ①让… Ⅱ. ①张… ②沈… Ⅲ. ①思维训练 - 儿
童读物 Ⅳ. ①B80-49

中国版本图书馆CIP数据核字(2020)第265554号

让孩子像哲学家一样会思考

张 玮　　沈文婕　著

责任编辑	丁小卉
特约编辑	乔冠铭　赵芳葳　顾晨芸
封面设计	王 晓
责任印制	刘 巍
出版发行	江苏凤凰文艺出版社
	南京市中央路165号，邮编：210009
网　址	http://www.jswenyi.com
印　刷	嘉业印刷（天津）有限公司
开　本	880 毫米 × 1230 毫米 1/32
印　张	7
字　数	141 千字
版　次	2021 年 2 月第 1 版
印　次	2023 年 3 月第 7 次印刷
书　号	ISBN 978-7-5594-5598-7
定　价	39.90 元

目 录

作者序 / 1

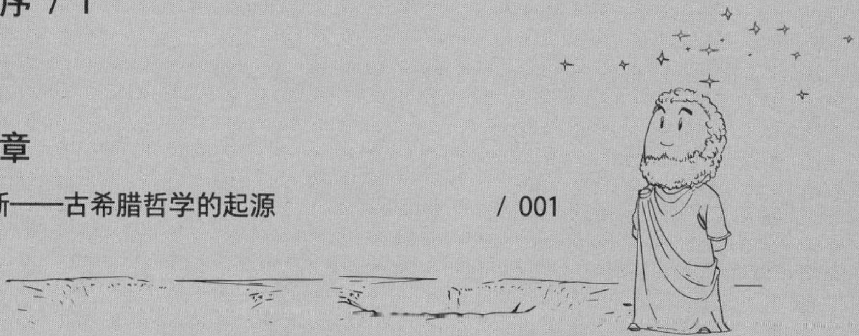

第一章

泰勒斯——古希腊哲学的起源 / 001

第二章

毕达哥拉斯——坚决不吃豆子的哲学家 / 018

第三章

赫拉克利特——人不能两次踏进同一条河流 / 034

第四章

巴门尼德——抽象思维哪家强？ / 049

第五章

恩培多克勒——四大元素构成了世界 / 058

第六章

阿那克萨哥拉——万事万物的“种子” / 071

第七章

德谟克利特——发现“原子”的预言家？ / 083

第八章

芝诺——古希腊最著名的“杠精” / 093

第九章

普罗塔哥拉——“人”是万物的尺度 / 109

第十章

苏格拉底——你能扛住我的提问吗？ / 124

第十一章

柏拉图——培养“哲学王” / 141

第十二章

亚里士多德——老师总是对的吗？ / 156

第十三章

第欧根尼——不要挡住我的阳光 / 172

第十四章

伊壁鸠鲁——什么是真正的快乐？ / 186

第十五章

另一个芝诺——节制自己的欲望 / 198

作者序

1

1998年夏天，我如愿提前考进了复旦大学的文科基地班。这是一个由国家专门拨款、培养基础学科人才的小班，由学校中文、历史、哲学三个系抽调精英教授，进行小班授课，通学文、史、哲三个学科。

作为一个从小就喜欢文科的人来说，能在心仪的大学读这样一个专业，无疑像“老鼠掉进米缸里”。

但开心之后也有一些忐忑：对我来说，中文自然是喜欢的，历史更是感兴趣，但唯独哲学，自己是既不明白，也不感兴趣。

那时的我实在是想不明白：学哲学到底有什么用？

2

第一学期的哲学课是“哲学概论”，由复旦大学哲学系的著名教授王德峰老师主讲。

王老师的“哲学概论”课在整个学校都很有名，我们每节课都要提前去占座，因为会有很多其他系的同学来旁听“蹭课”。

然而，一学期下来，我去听的次数不超过五次，其他的我都逃掉了——实在是对哲学不感什么兴趣。

但在这门课的期末考试中，我却是全班为数不多得“A”的一个。回想起来这件事至今还觉得惭愧，这是因为我考试前一周，问上一届的一位学霸学姐借了她详尽的听课笔记，硬是生吞活剥把整本笔记给背下来了。

但也恰恰是因为这整整一周的强迫性自学，让我第一次对哲学这门学科有了最初步的了解，进而对一系列问题产生好奇：哲学的起点是什么？任务是什么？知识和智慧的区别是什么？人是什么？人怎么认识到自己的存在？人生的意义在哪里？

后来，尽管这门课我早就通过了，但我自己还是去买了一本王德峰老师的《哲学导论》。

3

真正让我开始对哲学感兴趣的，是大二时上的西方哲学史课程。

这门课由时年不到40岁的哲学系教授汪堂家老师主讲。他两个学期的课，我一节也没有缺席过。

现在想来，自己之所以能够坚持到底，一来可能因为这门课是以“历史”的形式来讲哲学，条理清晰，脉络分明；二来是因为开篇从“古希腊哲学”起始，一路往下，由浅及深，循序渐进。

古希腊哲学从“法理”上本就应该是西方哲学史的源头，同时这段时期的哲学又为现代科学和现代哲学铺设了道路，可谓“开天辟地”，又影响深远，所以确实是任何哲学学习和研究都不能跳过的。

更关键的是，古希腊哲学——尤其是前期和中期——涌现出了一大批性格脾气各有特点的哲学名家，他们提出的观点和想法既朴实无华又引人深思，很容易把人领进哲学的殿堂。对于我来说，那些名字很熟悉但形象很模糊的古希腊著名哲学家，也开始慢慢清晰起来：泰勒斯、毕达哥拉斯、德谟克利特、苏格拉底、柏拉图、亚里士多德……

毫无疑问，古希腊哲学是了解整个西方思想史乃至西方文明的第一站。

4

工作以后，有一次同学聚会，大家在回忆和讨论当初大学上的那些课、读的那些书时，不约而同有了一个感慨：

其实我们现在自己也是为人父母了，为什么不让我们的孩子这一代，早一点接触一些文史哲的经典呢？

当时商量了几个题目，第一个是“给孩子的论语课”（这门课的音频和实体书都已问世），第二个，就是“给孩子的哲学启蒙课”。

哲学，对孩子而言可能是一个令其望而生畏的名词，如何启蒙？尤其是要了解西方哲学的话，从哪里开始启蒙？

我不假思索地就想到了“古希腊哲学”。

确实，“古希腊哲学”太适合作为孩子了解西方哲学的启蒙课了，因为那些我们童年时才会经常苦思冥想的问题，在两千多年前，是那些最出类拔萃的古希腊智者们日夜思考的严肃问题：

构成世界的本原是什么？究竟是水，是火，是气，还是原子？

日食到底是怎么回事？为什么会有闪电和雷鸣？为什么会有流星？月亮上有人吗？

奥林匹斯山上的神究竟是什么样的？是他们在掌管人间的一切吗？

人为什么能看到物体，闻到花香，尝到美味？

阿基里斯作为“飞毛腿”，为什么追不上乌龟？

这个世界上，“运动”真的存在吗？

作为掌握现代科学知识的成年人，现在我们会觉得这些问题很幼稚，但那只是因为先辈们的科学研究让我们知道了背后的原理，而我们的先辈们认识到这些原理，也是从懵懂无知到胸有成竹，从大胆想象到小心求证，经历了一个漫长的过程。

促成他们不断去研究、实验和探索的一大动力，就是想搞清楚世界的本原和万事万物运行规律的那份好奇心。

换句话说，科学的重要源泉之一，是哲学。

5

黑格尔说过一句话：“哲学就是哲学史。”

所以，这本书其实是一本“古希腊哲学简史”。从古希腊早期的哲人泰勒斯开始，到希腊化时期的芝诺，这本书一共介绍了15位著名的古希腊哲学家。

15位哲学家，其实就是15个故事。

我们希望通过这样的一种方式，用一条条理清晰的脉络，为孩子们初步了解古希腊哲学家铺一条路。

而了解了这15位哲学家的故事，我们就能了解他们所生活的时代，他们观点和思考的演变，他们认知和求证这个世界背后真相的过程。那些看似天真幼稚乃至错误的推论和猜测，其实也能帮孩子了解很多原理，进而会激发他们对我们所处的这个世界的思考。

哲学本来就是想启发人们思考一个问题：我们如何看待这个世界。

在这一点上，哲学家们负责提出假设，科学家们负责实验证明。

当然，必须承认，哲学并非我的专长，而我比较拿手的是讲故事。所以我这次请来了我的大学同班同学沈文婕作为我的合作者。

沈文婕当年本科的毕业论文做的是加缪，进而又读了复旦大学的哲学硕士。如今，她是著名市重点高中上海交大附中的语文老师，也是上海杨浦区的骨干教师，还被评为“上海市教学能手”——既是哲学科班出身，又会教学生。

以她的教学经验来看，一般对哲学有所涉猎的学生，语文成绩都很出色，尤其是作文，无论是举例、观点、逻辑还是遣词造句，都明显和别的同学不同。

此外，我还请来了和我之前合作《写给孩子的论语课》的同班同学李宏昀——复旦大学的哲学博士，他作为顾问，全程审阅了这本书稿。

作为一本写给孩子看的哲学启蒙书，除了在内容上尽量深入浅出之外，我肯定没有忘记孩子们喜欢的插画。这一次，我们为这本书配了74幅全新手绘的插画，以及每章节后面配图的知识卡。

从以往的经验来看，孩子们应该是会喜欢的，而这对帮助他们理解本书的内容，也会有很大的作用。

6

人的阅历是怎样积累的？人生的意义在哪里？怎样才算是幸福？快乐的本源是什么？

不要觉得这些问题是大人们的问题，其实让孩子从小开始接触一些，知道一些，思考一些是有意义的。

希望这本书，能给孩子们轻轻打开哲学殿堂的一扇窗，透进一点光，让他们领略到哲学的魅力。

希望这本书，能在孩子们心中从小就埋下一颗爱思考的种子，让他们今后更积极、智慧地面对这个世界。

希望这本书，能成为孩子们成长路上的好伙伴。

衷心感谢。

是为序。

2021年1月17日 于上海

第一章

泰勒斯——古希腊哲学的起源

1

首先，我们就要来说说“哲学”这个东西的起源——确切地说，是“西方哲学”的起源。

我们现在普遍认为，西方哲学起源于古希腊，而英语里的“哲学”（philosophy）这个词也正是来源于古希腊，“philo”是“爱”的意思，“sophy”则表示“智慧”。所以“philo”和“sophy”这两个词拼在一起，意思就不难理解了：“爱智慧”。

以此类推，什么是“哲学家”呢？顾名思义，就是“爱智慧的人”，也就是热爱思考、追求真理的人。

接下来，我们要说一个地方——希腊。

你们可以试着在地球仪或者世界地图上找找希腊这个地方，找到之后，就会发现它位于欧洲大陆伸入地中海的一个半岛上。希腊有很多山地，难以发展农业，但山地之间的山谷有着肥沃的土地，于是人口在那里聚居起来，这些地区往往环绕着靠海的城市，形成了一个个相对独立的城邦。所谓“靠山吃山，靠海吃海”，慢慢地，一些古希腊人就开始航海，或者跑到海上的一些小岛发展。

这样的生存环境，造就了古希腊人爱探索、爱思考的性格。

大家可以想一想，经常出海的希腊人最想掌握哪些知识？没错，那就是天文、气象、洋流相关的知识。因为这些知识和他们的出海航行息息相关，甚至关系到生命安全。这些知识，希腊人在两千五百年前就开始探索了。

大家想象一下，每当夜色降临的时候，漂泊在茫茫大海上的水手们望着浩瀚的星空和无边的银河，内心应该是充满着好奇与遐想吧。

对世界的好奇心，其实就是“哲学”萌芽的种子。

但是，如果人们每天只是好奇与遐想，恐怕这颗“哲学”的种子还没发芽，就会夭折。毕竟在古代，吃饱饭、活下去才是第一等的大事啊！

中国有句古话，叫作“仓廪实而知礼节，衣食足而知荣辱”，意思是：只有老百姓的粮仓充足，丰衣足食，才能顾及礼仪，重视荣誉和耻辱。换句话说，从某种意义上，只有解决了温饱问题，才会有时间和兴趣去进行一些思考和遐想。

无论在东方还是西方，道理都是相通的。在古希腊的城邦里，有一批不愁生计的人，只有他们才有很多闲暇观察生活、到处游历、思考问题。

是谁呢？他们就是贵族和商人。

而最早的哲学家，就是从这群人里产生的。

2

好了，接下来轮到我们这章要讲的主角——**泰勒斯**先生登场了。

一般讲西方哲学史，泰勒斯总是会第一个登场。为什么呢？因为他是大家公认的古希腊第一位哲学家！

泰勒斯出生在古希腊繁荣的港口城市**米利都**，虽然属于贵族阶级，但有时候他也会做做生意。米利都是个交通非常便利的地方，泰勒斯也因此可以跑到巴比伦学习天文学，到埃及学习数学——你们看，有钱又有闲，他就可以去做很多想做的事。当然，泰勒斯在丰衣足食后，并没有贪图享乐，而是去追求智慧，这一点还是值得称赞的。

话说泰勒斯不仅学到了很多知识，还善于推敲钻研，古代的书本里留下了许多夸赞他聪明才智的小故事。

比如，泰勒斯做过一件非常厉害的事情：准确地预测了一次**日食**。

据说当时有两个国家打了五年的仗，而就在泰勒斯预言日食的当日，太阳毫无征兆地被黑影慢慢吞噬，大地一片昏暗。这个异常的景象让两国的军队十分恐慌，震惊之余，两国决定就此停止战争。那时候的人们并不知道地球是圆的，也不了解日食产生的原理，所以大家就对能做出预言的泰勒斯特别崇拜。

后来的天文学家根据记载，倒推出那次日食的确切时间是公元前585年5月28日，这也由此让我们知道了泰勒斯生活的大致时段。原来泰勒斯生活在比中国的孔子还要早一点点的年代。

这位泰勒斯先生不仅预测了日食的时间，还巧妙地测量出了**埃及金字塔的高度**。

大家都知道，金字塔是庞大的建筑，那么在测量条件落后的古代，泰勒斯又是怎么计算的呢？

首先，他在金字塔前竖起一根木棒，等到木棒的影子和木棒一样长时，立即叫人在金字塔影子的顶端做了个标记。

然后，他就宣布：测量出的金字塔影子的长度，就是金字塔本身的高度。

他凭什么这么说呢？原来，在同一时刻，不同事物的高度和它影子的长度是成正比的。你如果感兴趣，不妨自己在日常生活中观察一下。要知道，早在两千五百多年前泰勒斯就能发现这个原理，这是非常厉害的。

看到这里，大家应该可以发现，泰勒斯是个知识渊博、喜欢动脑的人。从这个角度来看，他确实是个“爱智慧”的人。

3

说到这里，有人可能要问了：泰勒斯擅长的这些领域是数学、天文学、物理学，这些和我们现在说的“哲学”又有什么关系呢？

很好的问题。天文学、物理学这类科学，和哲学有一个共同的特点：都是在探寻事物的规律。

比如，在泰勒斯生活的那个年代，他还不能像现代人那样，理解太阳被月亮遮挡产生日食的道理，但他已经比较精确地掌握了日食每隔18年零10天左右就会出现一次的周期。而作为哲学家，他们并不满足于去发现这些表面规律，而是希望进一步思考：**宇宙形成和运作的本质是什么**。

泰勒斯就是最早思考这个问题的哲学家。

有这样一个关于泰勒斯不断思考的小故事：

有一天晚上，泰勒斯一边走路，一边抬头望着浩瀚星空，他若有所思，一不留神，就掉进了路上的一个土坑里。旁边经过的一个路人看到这个景象，不由得哈哈大笑并讥讽泰勒斯：“你只抬头看天却不注意脚下，结果把自己搞得这么狼狈不堪。”

泰勒斯从坑里爬起来，拍拍身上的土，不紧不慢地说：

“只有那些从不仰望星空的人，才不会跌入坑中。”

泰勒斯这句话什么意思呢？其实是对那些只顾低头看路，为了不跌入坑中而从来不仰望星空的人感到悲哀。在这里，泰勒斯并不是想说看路不重要，而是想告诉人们：**不能只顾眼前，有时也要关心一些看似和日常生活无关，但其实同样重要的问题**。

而哲学家，其实就是那种喜欢仰望星空，喜欢思考事物本质的人。

希望这个故事并没有给你造成另一种错觉：哲学家都是书呆子，只会空想，不切实际。

古希腊另一个伟大的哲学家**亚里士多德**（我们后面会说到

他）说过："只要哲学家想关心实际生活，他们就能很轻松赚到很多钱。"

不信？我们就再看泰勒斯的另一个故事。

有一年，泰勒斯根据自己对气候和农业情况的观察，认定第二年的气象有利于橄榄的生长，于是他低价收购了很多榨油机。到了第二年，果然不出他的预料，橄榄大丰收，为了榨橄榄油，榨油机供不应求，于是人们只好高价到泰勒斯这里来租榨油机。这让他赚了很大一笔钱，狠狠地发了一次财。

你们看，其实泰勒斯可以做到仰望星空和脚踏实地两不耽误。

4

那么可能有人又要问了：泰勒斯作为一个哲学家，到底有怎样的成就呢？他的学说是不是很深奥？

并不是。

其实泰勒斯留下来的最有名的话，也就是两句，而且听上去非常简单。

第一句：**"水是万物之源。"**

我们刚才提到过：哲学家跟科学家的不同之处在于，他们不研究世界的具体问题，而是关注事物的本质。

为什么这么说呢？同学们，如果你明天拿"水是万物之源”这句话去问你的自然科学或物理化学老师，他一定会告诉你，谁说的？简直胡说！

哈哈，当然，用现代科学的眼光来看，“水是万物之源”这句话似乎很没有道理。但在哲学的世界里，泰勒斯的这句话，意味着人类已经开始透过千变万化的自然现象，去思考世界的本原了。

你或许会困惑：这有什么了不起的吗？

没错，现在看起来没有什么，但在两千五百多年前，这是非常了不起的思考！

在哲学诞生之前，希腊人心目中的宇宙是一个由神创造和管理的世界——如果你们当中有对古希腊神话感兴趣的同学，应该会对这样的世界观比较熟悉：

在茫茫无际的混沌中诞生了地神，名字叫**盖亚**，于是万物得以在大地上生长。盖亚又生下了天神**乌拉诺斯**，于是世界有了广阔的天空。而管理这个世界的是雷神**宙斯**和住在奥林匹斯山上的其他神，宇宙的运转和人类的命运都由他们决定。

希腊人通过对神的遐想，创造出了诗歌和神话，由此可见，文学是和想象力有关的。但哲学不仅和想象力有关，还与思考紧密相联。所以，泰勒斯作为一个哲学家，就不愿意和他之前的大多数人一样，只是用神话故事来解释宇宙的运转，他打算用自己的感官认识世界，用自己的头脑理解世界。

然后他有了一个发现：水，与万物有着奇妙的关联。

大家都知道，在我们这个星球上，无论是动物还是植物，都离不开水。天上降雨，土地湿润了，种子便能发芽。泰勒斯还亲自在洪水退去后进行实地考察，他看到洪水带来了肥沃的土壤，里面还出现一些胚芽和小虫。水能滋养生命，如果一个生命体缺水了，也就会面临死亡。他把这一现象与关于神造宇宙的神话结合起来，得出了“万物由水生成，水是万物源头”的结论。他甚至还认为地球是浮在水面上的。大地在水里获得必要的养分，就好像母牛在草地上吃草一样。不仅如此，他还认为，水蒸发出来的水汽滋养着天上的日月星辰乃至整个宇宙。

在泰勒斯看来，水始终在运动，它本身就好像具有生命一样。雨水聚成河流，河流汇入大海，辽阔的海洋波涛滚滚，它时而怒吼，时而温柔，它能把船只掀翻，也能把航海者送到远方。

于是，泰勒斯说：“这表明，水是有灵魂的！”

现在，我们理解了泰勒斯所处的时代和他思考的出发点，就不难理解他说的第二句话了。

他的第二句话叫作**“万物有灵”**。

有人把这句话理解为“万物都有神灵”，也有人把它理解为“万物都有灵魂”，无论哪种说法，都表明世界是有灵性的，而不是死气沉沉的——因为充满活力的水是万物的本原，它让整个宇宙都充满了生命力。

泰勒斯所说的“万物有灵”，还揭示了很重要的一点：他认为事物之间有着千丝万缕的联系。

我们都知道，磁石能吸引铁，而且能将这种力量传递给铁，让它也像磁石一样吸引其他的铁。泰勒斯说，这种现象证明：磁石和铁都是有灵魂的。

5

有人可能又要问了：这些观点都是错的啊！我们现在要知道这些错误的观点干什么呢？

没错，经过现代科学训练的我们都知道，泰勒斯讲的这些，都是不符合现代科学原理的。但是，首先考虑到泰勒斯所处的时代，他能通过自己的观察和思考，得出这样的结论，是非常超前的。

其次，我们了解泰勒斯的这些观点，是很有必要的。

我们现在认为理所当然的东西，觉得每个人都知道的东西，比如物体是由分子、原子构成的，磁石能吸铁不是因为有灵魂，而是因为“磁性”产生的“磁力”。这些是谁告诉我们的呢？是老师？是某本书？那么老师或者那本书的作者，是一出生就知道这些道理吗？不是的。这些道理，是人类经过一代又一代的研究和实验，渐渐发现和总结出的规律和原理，我们现在只是在享受人类文明的研究成果而已。

而我们的先辈们认识到这些原理，也是从懵懂无知到胸有成竹，从大胆想象到小心求证，是有一个漫长过程的。促成他们不断去研究、实验和探索的一大动力，就是想搞清楚世界的本原和万事万物运行规律的那份好奇心，换句话说，**科学的重要源泉之一，就是哲学**。

也有一种说法：**哲学，是人类认知这个世界的起点**。

现在，了解了这个认知、求证和发展的过程，了解了这些哲学家本人的故事以及他们哲学观念的演变，我们就能更好地理解很多原理，以及原理背后的思想和逻辑。最后，哲学是为了让我们思考一个问题：

我们如何看待这个世界？

事实上，我们所熟知的一些大科学家，比如牛顿、爱因斯坦，从某种意义上，他们其实也是伟大的哲学家。

有这样一句话，如果说科学家告诉我们“世界是怎样的”，那么哲学家其实是在思考“我们如何看待这个世界”。

当然，如果你还不太理解这句话，那也不要紧。继续读下去，你会逐渐了解哲学的真正含义。

那么关于泰勒斯和古希腊哲学的起源，我们就先介绍到这里。

最后想说一句：欢迎你正式进入古希腊哲学的世界！

在下一章，我们将认识第二位哲学家——从某种意义上说，他也是一位数学家。

人物卡：泰勒斯

公认的古希腊第一位哲学家，“米利都学派”创始人，其观点有“水是万物之源”和“万物有灵”。

知识卡1：哲学与哲学家

“哲学”（philosophy）这个词来源于古希腊，意思是“爱智慧”，西方哲学的源头就在古希腊。

“哲学家”则是一群热爱思考、追求真理的人。

知识卡2：哲学为什么发源于古希腊？

希腊位于欧洲大陆伸进地中海的一个半岛上。希腊有很多山地，难以发展农业，但山地之间的山谷有着肥沃的土地，所以人口在那里聚居起来，并最终形成了一个个靠海的城邦。一些古希腊人开始靠航海谋生，或者跑到海上的一些小岛去发展，造就了古希腊人爱探索、爱思考的性格。

知识卡3：哲学和科学的关系

哲学是人类认知这个世界的起点，也是人类进行科学探索的重要源动力。

如果说科学家告诉我们“世界是怎样的”，那么哲学家其实是在思考“我们如何看待这个世界”。

第二章

毕达哥拉斯——坚决不吃豆子的哲学家

在上一章，我们介绍了一位叫泰勒斯的哲学家，他对世界的看法可以概括为两句话：

一句是“水是万物之源”，还有一句是“万物有灵”。

我们说，泰勒斯开启了西方自然哲学的传统，也引领了热爱智慧、追寻真理的潮流。这个潮流延续了两千多年，到现在依旧没过时。

泰勒斯曾经这样写过一首诗歌：

> 多说话并不表示心里理解，
> 去寻找唯一的智慧吧，去选择唯一的善吧，
> 这样就会钳住唠叨不休的舌头。

泰勒斯的意思就是，与其喋喋不休，不如停下来思考一

番，寻找“智慧”和“善”才是头等大事。

而这一章我们要出场的哲学家，就是一个绝顶聪明的人——毕达哥拉斯。

1

毕达哥拉斯在某些方面和泰勒斯很像，比如，他们都很有钱。

毕达哥拉斯出生在一个贵族家庭，家境富裕。这为他四处游历提供了保障——我们之前已经说过，在古希腊那个时代，只有不用为生计奔波的人，才会有闲暇去做一些别的思考。

而与泰勒斯不同的是，毕达哥拉斯用我们现在的话来说，还是个跨界达人。他拥有一系列的头衔，除了哲学家之外，还是数学家、天文学家、音乐家、教师、修道士、心理治疗师等。

这位老兄曾经写过这样一首著名的诗：

> 斜边的平方，
> 如果我没有弄错，
> 等于其他两边的
> 平方之和。

哈哈，是不是觉得：这算哪门子的诗？

我们的重点不在于讨论这是不是诗，而是在于他写的内容。如果你学过几何，应该一眼就能看出来了：这分明就是数学中的“勾股定理”呀：

直角三角形的两条直角边的平方和等于斜边的平方。

没错，根据考古发现，在中国，周朝的时候就提出了“勾三股四弦五”的说法，所以我们把它叫作“勾股定理”。而在西方，这是毕达哥拉斯先发现的，所以人们就把它称为“毕达哥拉斯定理”。

毕达哥拉斯和数学的渊源，还得从他的父亲说起。

毕达哥拉斯出生在爱琴海上的萨摩斯岛，而他父亲的老家是在腓尼基一个叫提尔的地方。腓尼基在地中海的东岸，离希腊也不算很远，但已经算是亚洲了，大约就是现在的黎巴嫩那一块，感兴趣的同学可以自己翻开地图看一下。

提尔是个港口城市，那里的人们都很会做生意，所以算术都很好。毕达哥拉斯的父亲把生意从提尔做到了萨摩斯岛，娶了当地的女子，于是才有了毕达哥拉斯。毕达哥拉斯小时候被他父亲送回提尔接受启蒙教育，然后才回到萨摩斯岛学习诗歌和音乐。

可能是遗传，也可能是环境影响，毕达哥拉斯对数字特别敏感。

2

基于对数字的敏感，毕达哥拉斯提出了一个与泰勒斯完全不同的观点。

正如我们之前了解到的，泰勒斯认为世界的本原是水，但毕达哥拉斯不同意这个观点：NO！世界的本原并不是水！

那是什么呢？

请注意，毕达哥拉斯不是数学很好吗？没错，在他看来，世界的本原是“数”，也就是数字。

他的著名观点就是：**“万物都是数。”**

看到这里，不知道你会不会想：

哎哟，原来哲学这么简单啊！只要用“万物都是……”造个句子就行啦，谁不会呢？万物的本原是木，万物的本原是火，万物的本原是冰激凌……

可是，当哲学家真的有那么简单吗？当然不是。你可以提出一个观点，但重要的是你需要解释它，把道理说通。

毕达哥拉斯并不是只说了一句“万物都是数”，关键是他能解释自己这个理论。

在毕达哥拉斯的这套理论里，数字绝非它们看起来那么简单。

他认为，在那么多数字中，“1”最了不起，因为其他数都是由“1”叠加而来的，“1”就好像是宇宙的发动机。

“2”呢？它由“1”产生，但是“2”又在“1”的基础上带来了变化，它跟“1”结合起来就成了“3”。所以“2”跟“1”一样，也是宇宙的创造者。他还说，“3”可以代表多姿多彩的世界。“4”可以象征一年有四季……

值得一提的是，毕达哥拉斯觉得“4”是最完美的，因为“4”以内的数加起来等于“10”。

为此，他还专门写过一段歌颂“4”的话：

> 圣洁的、圣洁的“4”啊！您孕育着永流不息的创造源泉！因为您起源于纯洁而深奥的“1”，依次达到圣洁的“4”，然后生出圣洁的“10”。您是天下之母，无所不包，无所不属……

你们看，毕达哥拉斯对数字确实充满了感情，在他的眼里，世界万物都有消亡的一天，但“数”是永恒不变的。“数”的世界是最美的，所有的事物都是以“数”作为“模板”构成的。

说到毕达哥拉斯的这个理论，不由得让人想起在中国和他差不多时代的另一个人，他的名字叫李耳，当然，我们更熟悉他的一个称呼——老子。

老子是道家的创始人，他也曾说过一句话，叫作：

“道生一，一生二，二生三，三生万物。”

当然，在老子的这句话里，“一”“二”“三”这些数字并不是确指，重点是想说明万物从少发展到多、从简单发展到复杂的道理。但老子和毕达哥拉斯的理论对照起来看，似乎有那么一点相通的意思。

3

毕达哥拉斯所说的“万物都是数”中的“万物”，不仅是指他自己生存的这个世界，他还上升到了更宏大的角度：宇宙。

有一天，毕达哥拉斯路过一家铁匠铺，听到里面传出乒乒乓乓的打铁声，音调高低各不相同。他不由得被吸引了，走进去一看，发现比较重的锤子打在铁块上会发出低沉的声音，比较轻的锤子敲出来的声音就比较清脆。

现在我们都知道，重量的大小是可以用数字来表示的，比如56千克、1200克。而当时的毕达哥拉斯也灵光一现，开了窍：

既然音调的高低与锤子的重量有关，那么音乐不就可以转换成数字了吗？

大家一定见过弦乐器，比如小提琴、吉他、琵琶……我们知道，不同长度的弦发出的声音是高低不同的，这也是音乐可以用数字来展现的一个例证。

到了这儿，毕达哥拉斯又上升了一个高度：

我们生活的世界，乃至整个宇宙中的一切都是音乐，无论是瓷器碰撞的叮当声，还是火山喷发的轰隆声；无论是大河奔流的声音，还是夜空中星星运行所发出的声音……整个宇宙就是一个伟大的交响乐团，每个物体就像是这个乐团里的一件乐器，发出自己独有的声响。

毕达哥拉斯把这称为**“宇宙的和声”**，他说自己听到了宇宙所演奏的音乐会。

这些就是两千五百多年前毕达哥拉斯在思考和探索的东西。

但是，可能有的同学会问：

既然毕达哥拉斯的理论都围绕“数字”展开，他也发现了“毕达哥拉斯定理”，那我们为什么不说毕达哥拉斯是一位数学家，而把他归类为哲学家呢？

不得不说，这是个好问题。

还记得我在第一章说过的一句话吗？

“哲学和科学的一个区别在于，哲学并不追求具体的知识，而是提供一种看待世界的眼光。”

我们之所以说毕达哥拉斯是一位哲学家而不是数学家，就是在于他“万物都是数”这个观点。他不仅追求具体的知识，还想更进一步地探索这个世界的本原。毕达哥拉斯这个“万物都是数”的思想影响了后来的许多哲学家和科学家。直到现在，不少物理学家们仍旧相信可以通过数学公式来理解宇宙运行的规律。

尽管毕达哥拉斯用确切的“数”来解释世界的本原，强调了“理智”，但他同时还有相信“神秘”的另一面。

这也是毕达哥拉斯的学说留给后人更多思考的一个原因。

4

“理智”和“神秘”这两样东西，常常是如影随形的。

如今，我们有一些人喜欢走极端：一种人看问题只凭直觉，不喜欢用事实和逻辑来认识事物，这种人很容易产生偏见或者相信谣言；也很容易相信“阴谋论”，认为各种重大事件背后肯定有不可告人的秘密，别人怎么向他解释都不听。而另一类人呢，认为现有的科学知识就是一切，拒绝承认广阔而未知的领域，只要是跟自己掌握的知识不符合的事物，就一概判定为谬论，是瞎讲。

这两种人，其实都有必要了解一下毕达哥拉斯的思想。

按照毕达哥拉斯的观点：**在哲学的世界中，“理智”与“神秘”是相伴而生的。**

而这也正是哲学的两张不同的面孔。

毕达哥拉斯不仅用毕生的时间来研究宇宙是如何以数的形式保持和谐的，他还认为人的灵魂也应当追求一种和谐的状态。毕达哥拉斯年轻时曾在埃及待了十年，这段时间他主要都在神庙中与祭司们相处，埃及人对于灵魂轮回的看法深深影响了毕达哥拉斯。

泰勒斯曾说**“万物有灵”**，而毕达哥拉斯不仅认为万物都有灵魂，还认为“灵魂会从一个生命体转移到另一个生命体”。有一次，他在路上看到一条小狗正在被鞭打，他停下来恳求那个挥舞着鞭子的人说：“住手吧，别打了。这条狗的身上寄居着我一位朋友的灵魂，因为我听到了他的声音。”

这听上去是不是有点迷信？不要紧，我之前说过，我们是了解这些古代哲学家的思考过程，并不代表我们一定要接受他们的观点。

毕达哥拉斯认为，我们每个人的灵魂都被囚禁在肉体中，这会让灵魂变得污浊不堪，因此要通过恰当的饮食、运动以及思考来净化灵魂。

毕达哥拉斯50岁那年离开故乡去了意大利，在意大利最南端的克罗托内办起了一所带有宗教社团性质的学校。这个学校里的人们穿一种独特的白色袍子，他们共享财产，一起生活，并被禁止向外泄露毕达哥拉斯的授课内容。他们在这里讨论问题、阅读书籍、锻炼身体、欣赏音乐、祭拜太阳神阿波罗，他们相信这种宁静而庄严的生活能够净化灵魂。

从一定程度上说，毕达哥拉斯和他的弟子们的生活方式跟信仰宗教的僧侣已经很接近了，他们有共同的信仰，注重身心的修行，敬奉神灵。毕达哥拉斯还给弟子们定下了一系列严格的戒律。比如，不能吃豆子和动物心脏，不能在光亮处照镜子，不能用刀子去拨火焰，等等。

听了毕达哥拉斯和他的学生们这些行为，有同学可能又要问了：

之前我们聊了哲学和科学，那么，又怎么区分哲学和宗教呢？

确实，这两个领域有不少交叉的部分。但总的来说，**宗教强调对神秘事物的信仰和体验，而哲学强调对世界和人生的思考**。对于上述禁忌，如果毕达哥拉斯只是相信它们并且去执行，那么就更接近宗教；而毕达哥拉斯是用自己的学说来解释这些禁忌，那就更接近哲学。

比如，毕达哥拉斯认为吃豆子会带走一部分灵魂，他的解释是，因为豆子会导致胀气，气体出来的时候就带走了人的灵气。我们先不说毕达哥拉斯的认知是不是正确，但他是在努力解释自己的行为。既然豆子会带走人的灵魂，所以毕达哥拉斯认为践踏豆子也不应该被允许。相传毕达哥拉斯活到80岁，他在逃避反对者追赶的时候，来到一块蚕豆地边，因为不能践踏豆子的信念而主动停下脚步，不幸被追上来的反对者杀死了。

如果这个传说是真的，那还真是令人感慨啊！

你会如何看待毕达哥拉斯因为严守自己定下的规矩而丢掉性命这件事呢？会觉得他愚蠢，还是对他肃然起敬，或是认为不值得呢？我相信每个人都会有自己的看法。

5

毕达哥拉斯曾说**“不能制约自己的人，不能称之为自由的人”**。

很有意思的是，我最近在使用的一个运动软件，其口号就是“自律让我自由”。自律和自由二者看上去矛盾，但其实相辅相成。

而毕达哥拉斯的意思是：如果一个人能够主动遵守规则，他的灵魂在那一刻就能获得真正的自由。毕达哥拉斯真正关心的是人的灵魂，或者说，是人的生活态度。他不仅倡导这种生活态度，还能坚定地去实践它。他钻研各个领域的学问，正是为了让自己的灵魂变得更和谐、更美好。

从这一点上来说，毕达哥拉斯确实是一位哲学家而不是数学家，你说对不对？

亲爱的同学们，关于毕达哥拉斯，我就介绍到这里。当你看完这两章之后，不知道是否有点明白哲学是一门怎样的学科了呢？

人物卡：毕达哥拉斯

毕达哥拉斯大概生活在两千五百多年前，是古希腊的贵族。他特别擅长数学，我们非常熟悉的“勾股定理”，在西方就是他发现的，因此也被称为“毕达哥拉斯定理”。

知识卡1：万物都是数

毕达哥拉斯认为，世界的本原是数，比如1、2、3、4。在这个基础上，他还提出，“宇宙中的一切都是音乐”，因为音乐也可以转换成数字。

知识卡2：理智与神秘

毕达哥拉斯的学说让我们看到，哲学的世界既有理智的一面，也有神秘的一面：他用非常理智乃至克制的生活方式，来追求和探索神秘而未知的灵魂和谐。

知识卡3：理想与现实

毕达哥拉斯认为数学的世界是完美的，但这种完美，很多时候只能存在于理想之中。比如，我们能够在脑海中想象一个完美的圆形，但是我们无法画出一个完美的圆形，哪怕借助再精密的圆规，也会有非常小的误差。

而我们孜孜不倦所追求的真理，其实就好像是那个完美但无法画出的圆。这大概就是哲学的魅力之所在吧。

第三章

赫拉克利特——人不能两次踏进同一条河流

在上一章，我们了解了毕达哥拉斯和他的哲学观点。

他说了“万物都是数”，他认为宇宙是以数的形式保持着美妙的和谐，人的灵魂也应当追求一种和谐的状态。

其实毕达哥拉斯还讲过这样一个比喻。

他把我们的生活就比作一个热火朝天的运动场，这个运动场里有三类人：一类是兜售货物的小商贩；一类是在场上拼搏的运动员；还有一类是沉思的观众。毕达哥拉斯认为最后一类人是最好的。

这是为什么呢？

他认为，在我们的生活中有各式各样的人：

有的人想着赚取更多的金钱；有的人想证明自己的能力，为荣誉而战；还有的人一边观察世界，一边思考问题——作为哲学家毕达哥拉斯，他更欣赏最后一种人。

“思考”这个行为，并不能直接带来金钱或荣誉，但善于思考的品质能让人更好地理解自己、理解世界。

不知道你听到这个比喻的时候，有没有在思考呢？

除了我们之前说过的博学的泰勒斯、神秘的毕达哥拉斯之外，古希腊还有很多喜欢思考的哲学家，比如我们今天要说的第三位：赫拉克利特。

1

如果要给赫拉克利特这个名字之前加上一个定语的话，我觉得应该是“傲慢的赫拉克利特”。

傲慢，这个词儿听上去不像是一个褒义词对吧？那么为什么这位赫拉克利特先生是傲慢的呢？

因为他对于那些有名的诗人和哲学家都不屑一顾。

比如我们上一讲提到的毕达哥拉斯，赫拉克利特就非常看不起他。

在赫拉克利特看来，毕达哥拉斯的学说毫无智慧，只不过是恶作剧罢了。不仅是对毕达哥拉斯，甚至是鼎鼎大名的古希腊盲眼诗人荷马，就是写了《荷马史诗》的那位，赫拉克利特也非常厌恶。他说荷马把人间的丑陋行为都加在神灵身上，这种行为让人不能忍受，因此应该用鞭子抽打他。

赫拉克利特倒也挺“公平”的：他不单看不起那些声名显赫的人，对于普通民众也非常失望，所以他最后宁愿隐居在山林里。

别人问他：“当大家议论纷纷的时候，你为什么总是保持沉默？”赫拉克利特回答说：“为什么？这还用说吗？这样才好让你们去唠叨啊！”

他经常会出现在月亮女神阿尔忒弥斯的神庙附近，和小孩子们一起玩掷骰子的游戏，他认为这比参加所谓的政治活动有意思得多。

赫拉克利特这么愤世嫉俗，也不是没有原因的。

当时，他的家乡爱非斯城邦，乃至整个希腊，都在波斯人的威胁下，他希望自己家乡的民众能多一点智慧，同时又能学习波斯人的进取精神。可是他看到的是人们的无知。当他得知他的好朋友赫尔谟多罗被驱逐的时候，他愤怒地说："爱非斯的成年人应该全都被绞死，他们最好把城邦交给小孩子。因为成年人把他们当中最高尚的人给赶走了！"

别看赫拉克利特说话这么极端，他在生活上可是个无欲无求的人。要知道，他的出身非常高贵，是爱非斯祭司王巴斯鲁斯的儿子，原本可以继承王位，但他把王位让给了兄弟，自己隐居去了。

波斯王大流士写了一封信邀请他去宫廷中讲授哲学，他也拒绝了。赫拉克利特对权势、富贵不感兴趣，他真正关心的是人的心灵，他说："你永远不会找到心灵的边界，不管你从哪里向它走去。"

那么问题来了：赫拉克利特难道就是靠愤世嫉俗或无欲无求出名的吗？

当然不是！我们之所以会在今天依旧提到他，是因为他在哲学上有不小的成就。

2

我们都知道，古希腊有个大名鼎鼎的哲学家，叫苏格拉底（我们后面也会说到他），他就对赫拉克利特十分推崇。

苏格拉底在读到赫拉克利特的残篇后曾说过这样一句话：“我了解的部分是美妙的，而且我想，我所不了解的部分也应该是美妙的。”

德国有一位有名的哲学家叫黑格尔，他更是直接把赫拉克利特之前的哲学家都忽略了，认为赫拉克利特才是哲学的完美开端，他说读到赫拉克利特的著作时就像“在茫茫大海里航行看见了新大陆”一样。另一位著名的德国哲学家尼采也说：“赫拉克利特永远不会过时。”

这几位超级大咖都如此推崇赫拉克利特，你们是不是很好奇赫拉克利特到底有什么了不起的思想，能让这些伟大的哲学家都对他赞不绝口呢？

我们不妨来了解一下。

我们之前说过，古希腊哲学家都很关心世界的本原，赫拉克利特也不例外，他对世界的本原也有自己的看法：既不是“水”，也不是“数”，而是一团“火”。

按照赫拉克利特的观点，宇宙“过去、现在和将来永远是一团永恒的活火，按一定尺度燃烧，按一定尺度熄灭”。

可能有些人一听，觉得并没有什么了不起的嘛，不就是一个比喻吗？

这句话其实大有奥妙。

请注意：赫拉克利特特别强调了宇宙的“过去、现在和将来”，还强调了火的“燃烧”和“熄灭”。

这意味着什么呢？黑格尔对此有过一个说法：赫拉克利特了不起的地方就在于，**他是第一个把宇宙理解为一个过程的人**。

一说到“火”，大家脑海中出现的就是“火焰”，是东西在燃烧时发出的光和热。如果我们真的把赫拉克利特这句话中的“火”理解为具体的火焰，那可就吓人了。大家应该都听说过森林大火吧？在过去几年，美国的加州大火和澳大利亚的森林大火，都燃烧了几个月，把很多人的家园都烧毁了，中国的大兴安岭在1987年也发生过一次严重火灾，给国家造成了很大的损失。所以，如果世界上到处都是在燃烧的火焰，那还了得？

赫拉克利特所说的“火”，并不是我们眼睛所看到的火焰，他所说的“火”和“万物”的关系就好像是“金钱”和“商品”的关系：钱可以换成商品，商品也可以换成钱。而万物可以体现为火的燃烧和熄灭，火的燃烧和熄灭也可以表现为世界万物的变化过程。

学过物理的同学可能会发现，赫拉克利特所说的“火”，其实就是现代物理学里所说的“能量”。而燃烧的火焰本身就代表着能量的切换——一个物体的化学能转换成了光能和热能。而世界万物的变化都可以用能量的转换来解释。比如一个物体从高处落下，那是它的重力势能转换成了动能；水池里的水分在太阳的照耀下蒸发，变成了水蒸气跑到空气中，那是太阳光的热能转换成了水的内能，改变了水的形态……

整个宇宙就是能量聚集、散逸、转换的过程啊！

而且现在的科学家告诉我们，像太阳这样的恒星，真的就是一团活火。两千五百年前的赫拉克利特不可能具备现代物理学知识，但他表达了类似的意思。不同的地方在于，现代科学家借助精密的观测仪器和严谨的数学运算来解释宇宙现象，而赫拉克利特则用智慧的头脑和哲学的语言来表达自己对世界的看法。

所以，“宇宙就是一团永恒的火，按一定尺度燃烧，按一定尺度熄灭”，这个观点在赫拉克利特那个时代能被提出来，是很先进的。

那么，仅凭这一点，赫拉克利特就名垂青史了吗？黑格尔又为什么认为赫拉克利特是西方哲学的开端呢？

3

因为，赫拉克利特关于“火”的观点，其深意还不止于此。

我们不妨再来品味一下“过去、现在和将来永远是一团永恒的活火，按一定尺度燃烧，按一定尺度熄灭”。

什么叫“按一定尺度”燃烧，“按一定尺度”熄灭呢？

赫拉克利特认为：世界万物在变化运转时不是混乱一片的，而是有“尺度”的——“黄昏”是白天转为黑夜的尺度，“气温降到0摄氏度”是水结成冰的尺度，“秋天到来”是大雁成群结队往南方飞的尺度。

这些“尺度”构成了宇宙的秩序，赫拉克利特把宇宙的总的“尺度”取名为“逻各斯”。

“逻各斯”就好像是宇宙的指挥家，万物都根据它来运转。赫拉克利特说，逻各斯是可以被人理解的，只是人们未必能真正理解它，而且很难用语言去表述它。

这个话，其实跟中国的道家创始人老子所说的一句话很像，那句话说出来大家可能也都听说过：

“道可道，非常道。”

“道”是老子心目中世界的最高原则，但老子认为一旦用语言把“道”表述出来，它就不再是原来那个“道”了。你看，不管是“逻各斯”还是“道”，这些哲学家都希望找到世界运行的根本规律，这比寻找世界的本原又更进了一步。

那么，世界万物的根本规律到底是什么呢？虽然赫拉克利特认为我们难以用语言说清逻各斯，但我们仍旧可以通过思考去理解它。宇宙这团不断燃烧和熄灭的活火，它带来的是什么？是变化！这种变化是持续不断的，过去、现在、未来始终如此，所以我们把这种变化叫作**“流变”**。

赫拉克利特用一句话来表述万物的流变，这句话非常有名，你一定要知道，很多人也会把它用在文章里，即：

“人不能两次踏进同一条河流。”

这句话的意思就是，河水每时每刻都在流动，前一刻的河流跟后一刻的河流是不同的，所以两次分别踏进的河流已经不能算是同一条河流了。赫拉克利特甚至说，两次踏进河流的这个人也是不同的，只是人的变化不像河流的变化那么明显罢了。

那么，事物流变的根源是什么呢？

赫拉克利特给出了自己独特的解释：**是事物内部的矛盾斗争**。

4

一说到“矛盾斗争”，大家是不是会想到吵架、打仗这些事情？

其实宇宙间的矛盾斗争是非常广泛的，比如，干冷空气遇到暖湿气流，就会下雨，甚至还会电闪雷鸣——这就是干冷空气和暖湿气流这对矛盾的斗争。这样的斗争并不带来混乱，而是发展为更高层面的和谐。

用哲学的语言来讲，这叫“对立统一”。我们把这种看问题的眼光叫作**“辩证法”**。赫拉克利特开创了“辩证法”，这是他非常重要的哲学成就。

如果你觉得“辩证法”有一点抽象，那么我们可以举例子来理解：

同学们见过拉小提琴吗？琴弓优雅地搭在琴弦上，然而这样并不能产生音乐。只有当琴弓以一定的角度和力量与琴弦摩擦，才能让琴弦振动起来，发出美妙的声响——我们可以把琴弓和琴弦看作一对矛盾，它们之间的摩擦就是斗争，而悦耳的音乐就是琴弓与琴弦的对立统一。

赫拉克利特说，世界上的种种矛盾不仅会相互转化，而且它们本质上是一致的。举个例子：一个人觉得肚子饿了，他会去找东西吃，然后他就饱了。如果他不知道什么是饿，也就不会想吃饱肚子。所以“饱”和“饿”本质上是对立统一的。

又比如说，一个人如果想跳起来，他首先必须弯曲膝盖下蹲一点才能起跳。那么就可以说，下蹲是起跳的一部分。

当然，赫拉克利特的辩证法还比较原始，所以我们称之为**“朴素辩证法”**。

但即便如此，在那个时代赫拉克利特就能提出这样的理论，已经非常了不起了。

现在，你能明白苏格拉底、黑格尔、尼采这些大哲学家为什么都非常推崇赫拉克利特了吗？

不过，即使后世的大咖们都为他背书，在思想活跃的古希腊时代，还是有人坚决反对赫拉克利特的理论的。下一章，我们就来介绍一下这位著名的反对者。

人物卡：赫拉克利特

赫拉克利特，古希腊哲学家，其著名理论为：“宇宙就是一团永恒的火，按一定尺度燃烧，按一定尺度熄灭。”

他首次提出宇宙是一个有燃烧和熄灭的过程。此外，这个理论还蕴含了一个道理：万事万物的变化，是有一个“尺度”存在的。

知识卡1：逻各斯

“尺度”被赫拉克利特命名为“逻各斯”，用来指宇宙万物运行的总规律，与中国的老子说的“道可道，非常道”，有异曲同工之妙。

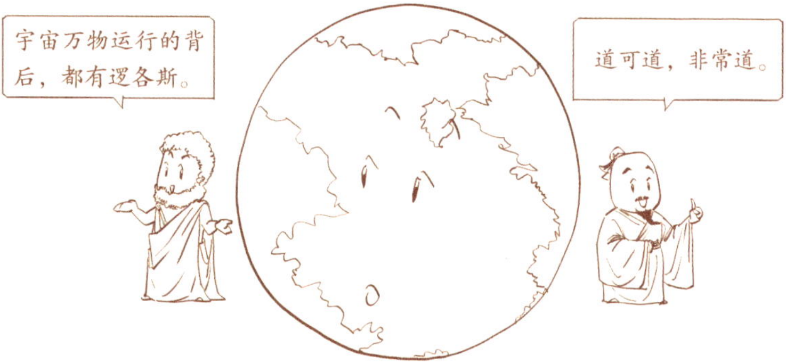

知识卡2：人不能两次踏进同一条河流

赫拉克利特的名言“人不能两次踏进同一条河流”指万事万物都在变化。而现在人们往往用来比喻人不会犯两次相同的错误，或不可能再回到过去。

知识卡3：朴素辩证法

赫拉克利特提出了“朴素辩证法”：事物内部的矛盾斗争推动了事物的运动变化，发展为最高层面的和谐。世界上的矛盾不仅会互相转化，而且本质上是一致的。用哲学的语言讲，这叫“对立统一”。

第四章

巴门尼德——抽象思维哪家强？

在上一章，我们学了一个词，叫“辩证法”。

赫拉克利特说，宇宙是一团永恒的活火，万物都是不断流变的，矛盾事物的对立统一让这个世界有了运动和变化——这就是“朴素辩证法”。

但是，并不是所有人都赞同赫拉克利特的观点。比如，有一个和他同时代的人就说：

“不对！没有一样事物是变化的！”

这是什么逻辑？我们都知道，雨过之后就会天晴，天空会挂出一道彩虹；年幼的孩子会慢慢长大成人，这些都是我们能看到的变化啊！

这个人说：“你们看到的这些所谓的变化，只不过是感官的幻觉罢了。”

这个反对赫拉克利特的人，也就是这一章要介绍的哲学家——巴门尼德。

1

关于巴门尼德的生平，历史上留下的资料并不多。

我们只知道他出生在意大利南部的爱利亚城邦，出身于一个富裕的贵族家庭——和之前的很多哲学家一样，只有解决了温饱问题，才会促成更多的思考。

巴门尼德创建了早期古希腊哲学中最重要的哲学流派——爱利亚学派。这是一个非常重要的学派，我们之后会讲到的好几个著名哲学家，其实都属于这个学派。这个学派的一大标志，就是他们一直试图从纷繁复杂的世界现象中找寻到真正的本质，而巴门尼德可以说是爱利亚学派的实际创始人和主要代表者，甚至可以说，他把古希腊人的哲学思考向前推进了一大步。

为什么这么说？因为巴门尼德非常熟悉但坚决反对赫拉克利特的学说，尤其是反对“事物变化”以及“矛盾对立统一”的观点。

在巴门尼德看来，“存在”并不是赫拉克利特所说的对立面的统一。因为他根本不承认事物有对立面！

你可能会质疑，我们的感官觉得冬天“冷”、夏天“热”，这难道不是对立面吗？

巴门尼德说：不是的！“冷”只是意味着“不热”。也就是说，赫拉克利特认为“冷”和“热”是矛盾统一的，而巴门尼德认为世界上不存在“矛盾”。

按照巴门尼德的观点，世界的本原和根据是“存在”。

什么是“存在”？这个东西看不见，摸不着，说不清，道不明。

在巴门尼德看来，这个“存在”就是“一”。具有如下特征：

第一，它是永恒的，不生不灭。

第二，它是唯一的，不可分割。

第三，它是不动的。

第四，它是一个滚圆的球体。

但这东西是什么呢？你问巴门尼德，巴门尼德会告诉你：什么是什么？这就是“存在”啊！

嘿！这时候你可能会觉得有些窝火了：这是玩文字游戏？这不就等于什么都没说？有什么意义呢？

你们还记得吗，在巴门尼德之前的古希腊哲学家，也都探寻过世界的本原究竟是什么，但他们大多是把世界的本原看作是某种具体的事物，比如泰勒斯认为万物的本原是“水”，赫拉克利特认为万物的本原是“火”，毕达哥拉斯比前面说到的两位有所改变，他认为世界的本原是“数”。

你倒也别小看这个“数”，相对于“水”和“火”，“数”这个东西已经抽象化了，但依旧可以通过观察和想象来把握。

所以无论是泰勒斯、赫拉克利特还是毕达哥拉斯，他们认为的“世界的本原”，至少还是一个具体的东西。但巴门尼德所说的这个“存在”，就完完全全是抽象的了，看不见，摸不着，只能靠理性和逻辑来理解。

从这个意义上说，巴门尼德已经把“存在”从具体的感性事物（比如水、火，乃至数字）中抽象了出来，把它概括为一个概念——不指向任何一个具体的事物。

如果我们从人类认识的发展史来看，这确实是一种进步，甚至可以说是一个里程碑：自巴门尼德开始，人类的抽象思维能力进一步提高了。

2

那么，巴门尼德眼里的这个世界是怎样的呢？

巴门尼德的观点主要表现在他用散文诗体写的著作《论自然》里，这部著作大部分已经遗失了，从残存的部分来看，他有一个很有意思的写作手法——通过“女神”之口来表达自己的意见。

换句话说，他告诉读者，这些道理都是“女神”说的——

其实就是他自己的观点。

关于巴门尼德如何看待这个世界，“女神”是这么说的：

真理是可靠的，凡人的意见都是虚假的。

什么是真理？真理就是他所说的“存在”，他认为“存在”是这个世界唯一真正存在的真理，而这个世界被巴门尼德划分为“存在”和“现象”两个部分——“存在”是“真理”，而“现象”是“意见”。

这里又要做解释了：巴门尼德说的“意见”跟我们现在用的这个“意见”的意思并不相同。我们现在说的“意见”包含正确意见和不正确意见，而巴门尼德说的“意见”，它跟“真理”相对，指的是人们对“现象”发表的不包含任何意义的看法和观点，其中并不包含有价值的思想内容。也就是说，巴门尼德这里说的“意见”不存在是否“正确”，是种没有意义的意见，是种说了也白说的表达。

所以，巴门尼德主张：我们要走真理之路，而不要走意见之路。

在这一点上，中国古代的思想家孔子也提到过类似的情况。他批评人们“群居终日，言不及义”，这里的“言不及义”跟巴门尼德所说的“意见”是差不多的意思，指说话内容无聊或说不到问题的关键。

那么，和“现象”关联的“意见”，与“存在”关联的“真理”又是什么关系？为什么巴门尼德要提倡走“真理”之路？

巴门尼德认为，“存在”是世界的本质，是人们思考的真正对象，而“真理”是人们围绕世界本质而思考的内容，这才是真正有价值的思想。

巴门尼德希望人们走“真理”之路，而不要徘徊在“意见”之路上。这句话听上去似乎有些拗口和难以理解，但如果用一句我们现在熟知的话做一个解释，或许你就能够更明白一些。

没错，就是那句我们可能都听到过的话：“透过现象看本质。”

苹果从树上掉下来，那是现象，本质是有地球引力的存在；月亮看起来会发光，那是现象，本质是它反射了太阳光；人睡觉时会做各种梦是现象，本质是大脑皮层的活动。

巴门尼德就是鼓励人们思考更本质的东西，而再进一步说，这些“本质”只是我们人类目前认知范围内的“本质”，很可能和巴门尼德提出的“本质”还不是一回事——“地球引力”“大脑皮层”这些，就真的是“本质”了吗？

不可否认的是，巴门尼德的学说，确实可以启发我们去思考一个可能我们从未去想的问题：我们看到的到底是现象，还是本质？

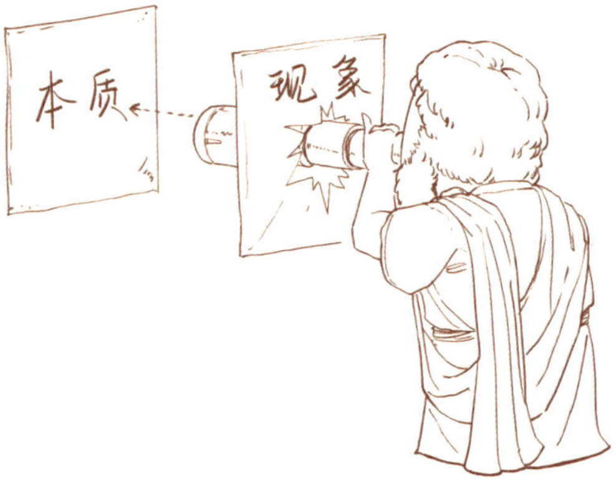

3

巴门尼德的观点，其实对后来的古希腊哲学家影响很大。根据柏拉图的记载，苏格拉底在年轻的时候就和巴门尼德有过一次会面，双方进行过一次深聊，而柏拉图自己提出的“感官世界”和“理念世界”区别的学说，尽管和巴门尼德的学说有所不同，但还是看得出有受其影响的影子。

关键在巴门尼德之后，包括苏格拉底、柏拉图在内的很多古希腊哲学家都开始把探求真理看作哲学家的根本任务。

德国近代哲学家黑格尔也说：“真正的哲学思想从巴门尼德开始，在这里面可以看出哲学被提高到思想的领域。”

大家还记不记得黑格尔也评价过赫拉克利特——就是巴门尼德反对的那个人，黑格尔说赫拉克利特的理论是“哲学的完美开端”。当然了，一个是“开端”，一个是提高到“思想的领域”，说起来也不矛盾。

在黑格尔看来，一个人能从现象和意见里跳脱出来，认识到“存在”中才包含“真理”，这才真正进入了思想的领域。

不知道你们发现没有，巴门尼德虽然反对赫拉克利特关于“对立统一”的理论，但他和赫拉克利特的观点，其实恰好就是一对“对立统一”的矛盾。

赫拉克利特强调世界的矛盾和变化，呈现出的是世界的“复杂”。而巴门尼德强调事物背后那个“绝对的存在”，强调“不变”，呈现出的是世界的“统一”——他们的学说只是以不同的方式讲述着世界复杂与统一的关系。其实他们都在追寻永恒又难以言说的真理啊！

所以，这两位哲学家的观点恰好可以用“辩证法”来解释，它们构成了对立统一，推动了思想的发展。

所以，黑格尔在研究了西方哲学史之后，提出了一个很有深意的命题——哲学就是哲学史。

如果我们系统了解了西方哲学家的生平和他们的观点，然后将他们串联起来看，其实恰好能印证和了解哲学思想。比如说，我们要了解“事物的对立统一”，当然可以通过“干冷空气和暖湿气流相遇形成降雨”这样的例子，而要解释“思想的对立和统一”，赫拉克利特和巴门尼德的学说就可以说明。

所以我们说，事物的矛盾统一能够推动外部客观世界的发展变化，而观点的矛盾统一能够推动人类主观思想的发展变化。

在很多时候，就事论事的讨论乃至争论并不是坏事，反而能促进大家思想的提升和观念的进步。

同时，黑格尔的命题也给我们读这本书阐明了一层意义：

看上去我们只是在了解一些哲学家的故事，但不知不觉中，我们其实是在学习和了解一些哲学的观念和理论——而且这些观点按照时间顺序，有一条清晰的发展线和逻辑链。

当然，还有一点必须说：你们有没有发现，从这一章开始，我们所说的内容可能没有前三章那么容易理解了，有些观点可能要倒回去再看两遍，甚至要反复咀嚼体会一下了——尤其巴门尼德的学说，确实不是一下子就容易想明白的。

但这恰恰说明，我们已经开始慢慢地入门了，不是吗？

如果哲学不需要思考，那哲学还能称为哲学吗？

人物卡：巴门尼德

爱利亚学派的实际创始人和主要代表，他把世界的本原抽象为“存在”。自巴门尼德开始，人类的抽象思维能力进一步提高了。

知识卡1：宇宙中只有绝对的存在

巴门尼德的主要观点是：没有事物是变化的，也没有什么矛盾的对立面，宇宙中只有绝对的存在，万物的变化只是人们感官的幻觉罢了。

巴门尼德主张：“要走真理之路，而不要走意见之路。”他鼓励人们思考更本质的东西，这与后来的“透过现象看本质”有异曲同工之妙。

第五章

恩培多克勒——四大元素构成了世界

上一章，我们介绍了一个与赫拉克利特持相反意见的人，叫巴门尼德。

然而，巴门尼德与赫拉克利特两人相反的观点，恰好又可以用“辩证法”来解释，因为它们构成了对立统一，推动了思想的发展。

其实，在西方哲学史上，这种看上去截然相反，但其实是对立统一的理论并不少见。

比如在欧洲的文艺复兴之后，哲学这条轨道就分出了两条岔路：一条叫“唯理论”，一条叫“经验论”。

“唯理论”派的哲学家，希望依靠头脑来思考真理是怎样的，而“经验论”派的哲学家，更关心人是怎样通过各种感官来认识这个世界的——从某种意义上说，这也是一对“对立统一”。

而这些思想并不是在15世纪以后突然出现的，如果要往前追溯，就必须追溯到古希腊的哲学家了。

这一章我们要讲的哲学家，就是一位非常注重感性经验的人——恩培多克勒。

1

首先，我们来回答一个问题：什么叫“感性”？

“感性”是跟“理性”相对的说法，每个人都有感性的一面。

举个例子，比如你喜欢一个长毛绒的兔子玩具，它就是一个普通的长毛绒玩具，不会像有些电子产品那样会唱歌说话，不会通过人工智能和你互动，也不会告诉你天气情况之类的。但你就是喜欢它，因为你觉得它似乎是有生命的，它一直在陪伴你，你抱着它睡觉特别安心——这就是一种感性的表现。

也有一些特别感性的人，他们对于感官和心灵的体验会更加敏感细腻，而且往往有着丰富的想象力，也比较容易对神秘的事物感兴趣。比如有的同学很爱幻想，对于生活的点点滴滴有着独特的感受，或者说起什么血型性格、星座性格时头头是道。他可能就是个偏感性的人。

说到这里，你们的脑海里有没有浮现出某个朋友的形象呢？或者，干脆就是你自己？

古希腊哲学家恩培多克勒就是这样一个感性的人。就连他的哲学著作都是用诗的语言写成的。他还曾对外宣称自己是神，这一点是受到毕达哥拉斯的影响。毕达哥拉斯曾经说过自己是神使赫尔墨斯的儿子。据说恩培多克勒还预言过自己的死期。

虽然恩培多克勒如此感性，却有不少科学发现。

2

恩培多克勒在科学上最大的贡献是发现**空气是一种“实体”**。

要知道，在恩培多克勒的时代，大家都认为“空气”是看不见、摸不着的，是虚无缥缈的。

但恩培多克勒反对这种看法。他认为空气是实实在在地占据了某一处空间的。我们在日常生活中看到一个杯子里没有水，我们会说这个杯子是空的。其实杯子并不是真的“空”，因为杯子里还充满了空气，只不过我们看不见，摸不着。

我们现在觉得这个认识毫不稀奇，但放到古代，是极具突破性的。而且恩培多克勒并不是随口说说，他还通过一个实验证实了。

他把杯子快速倒扣到水盆里，发现水并不会填满这个杯子，他就因此作出判断：杯子内部的空间被空气占据了。

恩培多克勒还观察到了离心力的存在。他把绳子系在装了水的杯子上，拉住绳子的另一端快速旋转，然后他发现即使杯口朝下的时候，水也不会洒出来，就好像有一种力量把水“压”在杯子里一样。

虽然恩培多克勒还不能解释其中的原理，但他比别人更早地注意到这种现象，并且把它描述了出来。

恩培多克勒还曾大胆地提出一种生物进化假说。他认为世界上最初散布着各种生物，有的有头但没有脖子，有的有背但没有肩膀，有的有眼睛但没有额头……这些东西会随机结合起来，形成新的生物：有的长着无数只手，只能在地上爬行；有的长着许多脸，能够看到四面八方的东西；还有的长着人的身体和牛的脑袋……这些奇奇怪怪的生物显然不可能全都生存下来，不能适应环境的就被淘汰了，最后只留下了少数物种。

虽然他说得有些离奇，但是“不能适应环境的就被淘汰了”这种想法和我们现在接受的达尔文的进化论提到的“优胜劣汰，适者生存”其实是一个意思。

而达尔文提出这个观点，是在恩培多克勒提出假说后的两千多年之后了。当然，达尔文是在大量的研究和证据的基础上作出这样一个判断的。恩培多克勒虽然只是说出了这一个猜想，但已经是很不容易了——在那个时候，人们都认为物种是神创造出来的，怎么可能是自己进化出来的呢？

既然恩培多克勒如此关注世界的多样性，我们又要回到之前说的那些古希腊哲学家都很关心的一个问题了：

在恩培多克勒的心目中，世界的本原又是什么呢？

3

恩培多克勒的观点和他之前的哲学家都不同——他认为世界不止一种本原。

在他看来，这个世界因为丰富而精彩，因为多样而充满活力，所以世界不止一种本原。他认为**宇宙的本原有四种，分别是土、气、火和水，各种事物就是这四种元素按照不同比例构成的**。由于这四种元素的比例有无数种可能，于是也就形成了各种事物。

我们可以按照他的思路来推想一下，天上的白云肯定是水和气多一些，火和土少一些；美丽的花朵就是土和水多一些，火和气少一些；火山里的岩浆就是土和火多一些，水和气少一些……

所以从这个意义上说，恩培多克勒的学说解释了世界万物多种多样的原因。

大家千万别小看他的这个观点，他这个观点叫作“四根说”，后来经过大哲学家亚里士多德的发扬光大（我们后面也会讲到他），对西方的哲学和医学影响非常大。

听到这里，你们可能会产生这样的疑惑：恩培多克勒好像只是比较善于观察和思考嘛，这种特性又不是他独有的。

没错，我们之前说过，泰勒斯也是个注重观察的人，他曾亲自察看在洪水退去后留下的淤泥；毕达哥拉斯的想象力也很丰富，他说宇宙间充满各种声音，就好像在演奏交响乐。

那么恩培多克勒的思想有什么独特之处呢？为什么还是把他归类为哲学家而不是科学家呢？

因为恩培多克勒试图解释：**人是如何认识世界的**。

4

恩培多克勒是古希腊第一个认真思考这个问题的人。

人们把恩培多克勒对于世界本原的看法叫作“四根说”，因为他提出了四种元素。他认为事物的形成和消亡就是土、气、火和水这四种元素聚集和散开的过程。但这种说法有一个问题：

四种元素又不具有自由意志，它们不会自己聚集或散开啊，它肯定需要有一种力量来驱动。那么，是什么力量让这些元素聚集或者散开呢？

恩培多克勒的回答是：那种力量就是“爱”和“斗争”。

怎么样？回想一下开头我们说恩培多克勒其实是一个很感性的人，这下你们相信了吧？

恩培多克勒认为，是“爱”让这四种元素聚集，是“斗争”让它们散开。种子慢慢发芽、开花、结果，就是“爱”让泥土、阳光、空气、水分中的“四根”聚集起来；而当树叶凋零、果实腐败之时，就是“斗争”让这些物质又消散到了泥土和空气里。还有像天上的云朵会变成雨滴，火山里的岩浆冷却后形成岩石……事物在不断变化，每一种实体都是暂时的，而只有这四种元素以及背后的“爱”和“斗争”的力量才是永恒的。

他不仅用“爱”和“斗争”来解释事物的形成和消亡，还说人类社会的变化发展也是受这两种力量支配的。你们可能听说过，在古希腊神话里有一个传说中的黄金时代，是奥林匹斯山上的诸神创造的第一代人类，这个时代的人们无忧无虑，生活安闲，没有纷争。

恩培多克勒就说，黄金时代就是一个“爱”的力量在内、“斗争”力量在外的时代。但是人类社会并不是一成不变的，随着“爱”和“斗争”的消长和循环，好的年代与坏的年代就会交替出现。恩培多克勒认为，世界的变化并没有一个什么明确的目标，它只是在必然和随机的支配中不断变化着。

那么，人又是怎么认识世界万物的呢？

恩培多克勒认为，人的感官之所以能对各种事物产生感觉，那是因为人的感官里也有土、气、火和水这四种元素。

他说：“眼睛内部是火，火的周围是土和气，由于眼睛结构精细，所以火能够像灯笼里的光一样通过土和气。眼睛中有火与水各自的孔道，它们是交替排列的。通过火的孔道我们看到光亮的对象，通过水的孔道则看到黑暗的对象。”他认为事物中的水、火、土、气都会向外发射粒子，每一种元素的粒子都可以顺着眼睛里对应的孔道“流射”进去，这样我们的眼睛就能看到各种事物啦！

于是，人们把他的这种学说叫作**“流射说”**。

简单来说，就是万事万物都在发射水、火、土、气四种元素，而我们人类的眼睛，有水、火、土、气四个相对应的接收器。一边是发射，一边是接收，通过这种方式，我们就感知到了世界。

那这只是视觉对不对？还有味觉、嗅觉、听觉呢？

也是一样的道理。嘴巴的味觉、鼻子的嗅觉、耳朵的听觉、皮肤的触觉都是由于这些器官中有与“四根”相对应的孔道。大家可以想象一下，比如我们闻到了百合花的香味，是因为构成百合花的各种小粒子碰到了人的眼睛和鼻子，在对应的孔道里打了个卡，“嘀！”然后它就通过了，被我们的感官认出了，于是我们看到了色彩，闻到了香味。

恩培多克勒的这种说法很形象生动，但在科学素养极高的现代人看来无疑是非常粗浅的。在他100年后的亚里士多德就有了一个质疑：

如果人看到事物是由于物体的粒子流射到了眼睛里，那么为什么人在黑暗中看不见东西呢?

现代科学告诉我们，眼睛看到事物是一个非常复杂的生物学过程，简单来说，物体反射的光线进入眼球，刺激视网膜形成了物体的像。但是，恩培多克勒的理论有一个可贵的地方，那就是他注意到了“人”。

而他之前的哲学家——我们可以回忆一下——他们对自然世界更感兴趣，他们即使提到人或者灵魂，也只是当成世界的一部分来研究的。

而恩培多克勒是把“人”看作一个观察者，与世间万物区别开来。

不过，恩培多克勒也只是对人感知世界的方式提出了看法，在他的学说中，“人”还只是一个观察者，远远不是一个思考者，将其替换成一些高等动物似乎也是可以的。在恩培多克勒之后的哲学家，对于“人”这个思考主体的探究就越来越多了!

往后看，我们还会具体介绍。

人物卡：恩培多克勒

古希腊哲学家，他观察到了杯子被快速倒扣在水中，水不会填满杯子的现象，并提出了“空气是实体的”这一观点。

知识卡1：四根说

恩培多克勒最早提出了“四根说”，认为事物由水、火、土、气四种元素按照不同比例构成，“爱”和“斗争”让元素聚集或散开。这个理论对后世的西方哲学和医学影响很大。

知识卡2：流射说

恩培多克勒认为事物中四种元素的粒子“流射”到了人的眼睛、鼻子、耳朵等感官里，所以人们看到、闻到、听到、感知到各种事物。

第六章

阿那克萨哥拉——万事万物的“种子”

上一章我们介绍了善于观察而又感性的恩培多克勒。

今天我们要讲的这位哲学家，与恩培多克勒有着千丝万缕的关系，因为他们都属于爱利亚学派，其实算是师兄弟。你们还记得这个学派吗？没错，就是巴门尼德开创的哲学学派。

巴门尼德旗帜鲜明地反对赫拉克利特关于“世界流变”的观点，认为世界是不变的。恩培多克勒把老师的观点稍微折中了一下，提出“有些东西在变，而有些东西不变，世界是多元的”。

而这一章我们要介绍的这位哲学家，比恩培多克勒的思考更进了一步。他的名字叫阿那克萨哥拉。

1

说起这位阿那克萨哥拉，就不得不提起另一个哲学学派——米利都学派。

不知道你们还记得米利都学派的创始人是谁吗？没错，就是我们称之为“古希腊哲学起源”，也是我们开篇就介绍的第一位古希腊哲学家——认为“水是万物之源”的泰勒斯。

阿那克萨哥拉虽然是爱利亚学派，但他也向米利都学派的阿那克西米尼学习过一段时间——阿那克西米尼是泰勒斯的学生阿那克西曼德的学生，也就是泰勒斯的徒孙。

泰勒斯、阿那克西曼德和阿那克西米尼这师徒三代，被称为“米利都三杰”。

泰勒斯认为世界的本原是水，他的学生阿那克西曼德把万物的本原称为“阿派朗”（apeiron），有人把它翻译成“无定形”，意思是没有固定形状、性质和界限的东西。而泰勒斯的徒孙阿那克西米尼说万物的本原是“气”，万事万物都是由气的聚散形成的——火是稀薄的气，水是凝聚的气，土是凝聚再凝聚的气，连灵魂也是气。

米利都学派和爱利亚学派有一个观点是针锋相对的——前者认为世界的本原虽然单一，但是运动的，但后者认为世界的本原是不会变的。

这就有意思了：阿那克萨哥拉属于爱利亚学派，又向米利都学派学习过，先后经历过两个观点截然不同的学派，那么他对世界本原的观点，究竟是怎样的呢？

阿那克萨哥拉把米利都学派和爱利亚学派的学说融会贯通，提出了自己的观点——种子说。

2

还记得吗？恩培多克勒认为世界有四种元素，而阿那克萨哥拉认为世界上有无数种元素，并称之为每种事物的“种子”。

阿那克萨哥拉认为，万物都是可以无限分割的，哪怕是很小的一个颗粒中也包含着各种不同的“种子”。但是在人们眼里，每一样事物都有它特定的性质，水就是水，火就是火，没有人会觉得水里有火，或者火里有水。

那么阿那克萨哥拉是怎么解释这一点的呢？

他说，如果在某个事物里有一种“种子”的数量占优，那么它就会表现出这个“种子”的特点，比如我们看到一滴水，那就说明这里面水的“种子”最多，但是，这滴水里不仅有水，还有别的“种子”，甚至有它的对立面——火。

听到这里你可能会说，恩培多克勒对世界的看法跟阿那克萨哥拉差不多嘛！只不过一个叫“元素”，另一个叫“种子”；一个说有四种基本元素，另一个说有无数种。这不是换汤不换药吗？

别急，看下去，就能知道他们观点的区别了。

3

还记得恩培多克勒是怎么解释人感知世界的方式的吗？

他说物体的元素粒子流射到了眼睛里，接触到了眼睛里同种元素的孔道，所以人能看到事物——也就是说，物体的元素和人体感官里的“接收器”是一一对应的。

我们当时评价说恩培多克勒了不起的地方在于，他关注到了认识世界的主体是“人”。但是在他的学说里，人的感官好比是一台有四个频道的机器，而且跟其他高等动物相比也没什么独特之处。机器是“死”的，只能接受设定好的东西。我们来打个比方，你用空调遥控器去开电视机，它肯定不理你，因为空调遥控器只能开空调，电视机没有对应空调遥控器的接收器。

阿那克萨哥拉就不同了，他认为人的感官可以感受到各种各样的“种子”，不需要对应的“接收器”——从某种意义上，你可以把这理解为“万能遥控器”。

当我们看到一块面包的时候，我们的眼睛感受到了面包的“种子”，当我们品尝一块面包的时候，我们的舌头感受到了面包的“种子”。换句话说，你来什么，我人就能感知什么，不需要借助“接收器”！

在阿那克萨哥拉心目中，人是一个和世界面对面的主体，不是一个由各种零部件组装起来的精密仪器。人直接认识世界，是有主观意识的。

换句话说，在阿那克萨哥拉的观点里，人不是一部冷冰冰的机器，人和客观世界的万事万物不一样，人是有主观能动性的。

恩培多克勒把人看作是一个“观察者”，与世间万物区别，而阿那克萨哥拉更进一步，把人的主动性和与客观世界事物的区别进一步明确，这是他观点的一大特色。

4

那么问题又来了。

恩培多克勒说，掌控世界变化和运动的力量是“爱”和“斗争”，但他没解释说“爱”和“斗争”是怎么来的。阿那克萨哥拉是怎么解决这个问题的呢？

他提出了一个新的概念，叫“努斯”（nous）。

这个单词在希腊文中是“心灵”的意思，可以引申为“理性”。有的学者把它翻译成“心”，也有的把它翻译成“精神”，或者就音译来保持它的独特含义——其实从某种意义上来说，你把它理解为人的“心灵”也可以。

这个“努斯”与一般事物不同，在它之内就再没有别的东西了，它不与其他事物混同。阿那克萨哥拉认为，“努斯”是各种运动的原因：所谓宇宙，最早是无数无穷小的“种子”组成的混合体，在“努斯”的作用下，这个原始的混合体开始产生运动，首先从一小点开始，然后逐步扩大，产生了日月星辰，天空海洋——浓的、冷的、湿的和暗的物质结合为大地；稀的、热的、干的和明的结合为高空，最终构成了有秩序的宇宙。

换句话说，恩培多克勒所说的“爱”和“斗争”之类的力量是从哪里来的呢？阿那克萨哥拉认为，都是由“努斯”，也就是“心灵”发出的。

“努斯”能让各种微小的种子结合起来，产生了我们所看到的日月星辰，以及万事万物的无穷变化。无论是过去、现在，还是将来，阿那克萨哥拉指出：这一切都是由“努斯”安排好的。

由于阿那克萨哥拉的“努斯”学说常常被理解为与人的心灵相关，所以有时也被称为“唯心主义”。

请注意，这里所说的“唯心主义”不是一个贬义词，恰恰相反，阿那克萨哥拉提出的“努斯”强调万事万物都可以无限分割，其实为后来的“原子唯物理论”奠定了基础。

只是由于他把万事万物的动因解释为“努斯”的结果，却没有明确解释“努斯”本身的动力何在，所以从苏格拉底到柏拉图再到后来的黑格尔，慢慢倾向于把“努斯”解释为精神实体，也因此把“努斯”定义为“唯心主义”的术语。

5

其实一个人一旦认识到万事万物不是由“神”创造，而是由一些基本的“元素”创造，看待事物就会越来越理性。

阿那克萨哥拉就是一个很好的例子，他既是一个哲学家，又是一个自然科学家。他提出的一些观点和理念，尽管现在看起来还是有些谬误，但在他所处的那个时代是很有突破性的。

比如他提出太阳其实就是一团炽热的物质，甚至就是一块烧得又红又热的石头（虽然他认为太阳比希腊大不了多少）；陨石是从地球之外掉下来的石头（不过他认为是从太阳上掉下来的）；月球和地球一样，也是行星，上面也有山谷（但他认为月球上也有居民）。

而还有一些观点，现在看起来是很了不起了：

他首先提出雷是云彩撞击产生的；闪电是云与云之间摩擦的结果；月光只是月亮反射了太阳光；而日食和月食，只是因为月影遮挡地球，地影遮挡月亮。

用我们现在的眼光来看，阿那克萨哥拉是在用一种接近科学的目光来审视人类生存的世界，但在那个时候，他这样的行为不但惊世骇俗而且相当危险。因为那时候绝大多数人认为，产生这些现象的背后主导只有一个——神的力量。阿那克萨哥拉这样的解释，相当于抹杀了神的作用。

所以阿那克萨哥拉后来的命运有点悲惨：他以“不敬神”的罪名被指控，并被逐出雅典，晚年只能找一个地方隐居起来。

但你们看，这也恰恰就是思考的魅力：哲学家的探索和思考未必完全正确，他们却从未放弃思考。这些思考非常超前，远远超出普通人可以达到的境界，领先于他们所处的时代，超越了他们拥有的文明和科技水平。也正是这些当时看起来离经叛道，现在看起来有些荒诞的思考，推动科技进步和人类认知的一步步发展。

这或许就是追求真理的精神：即便不被人理解，遭受各种非议乃至非难，却始终如一地坚持自己的观点，捍卫真理，启迪后辈。

最后我们来总结一下，不知你们是否发现，从我们最初说的泰勒斯开始到现在的阿那克萨哥拉，从单一的“水”或“火”到目前的“四元素”和“种子说”，古希腊哲学家对世界本元的认识正在越来越复杂化和多元化。

正所谓“真理不辨不明”，在各种思想的激烈碰撞之下，问题的本原也在渐渐浮出水面。

那么，让我们继续以一个观察者的身份，看看接下来还会发生什么吧！

人物卡：阿那克萨哥拉

爱利亚学派哲学家，曾向米利都学派学习过，融合两派思想提出了“种子说”。他用一种接近科学的目光而审视世界，打破了人们对“神”的幻想。

知识卡1：种子说

阿那克萨哥拉认为世界上有无数种元素，他把这称为每种事物的“种子”。万物都是可以无限分割的，哪怕是很小的一个颗粒中也包含着各种不同的“种子”。但是，在人们眼里，每一样事物都有它特定的性质，水就是水，火就是火，没有人会觉得水里有火，或者火里有水。

知识卡2：人如何感受到种子呢？

阿那克萨哥拉认为人能感受到万物的种子，不需要对应的接收器，人是作为一个主体来接收的，这点和上一讲所说的恩培多克勒不一样。

知识卡3：努斯

在一定程度上，可以把“努斯”理解为“心灵”，阿那克萨哥拉认为“努斯”是产生各种运动的原因，这个理论甚至可以扩展、应用到宏大的宇宙中。

第七章

德谟克利特——发现“原子”的预言家？

在开始本章之前，我们先做一个简单的回顾：

还记得之前我们说的那几位哲学家的观点吗？赫拉克利特强调世界的流变，而巴门尼德强调世界的统一。跟巴门尼德同属于爱利亚学派的恩培多克勒和阿那克萨哥拉，折中了两位前辈的观点：恩培多克勒提出“四根说”，认为万物是由土、气、火和水这四种元素按照不同的比例构成的；而阿那克萨哥拉提出了“种子说”，认为万物都是由无限小的“种子”构成的，人的感官接触到不同的种子，也就产生了对事物的感觉和认知。

恩培多克勒和阿那克萨哥拉在解释“一”和“多”的关系的时候，特别重视世界的多样性，强调人的主体性，也偏向于感性。而我们今天要讲的这位古希腊哲学家，希望回到理性的路上，重新理解世界的多样性和统一性的关系。

相传，他为了避免受到感性外物的影响，导致自己的理性思考受到蒙蔽，而故意弄瞎了自己的眼睛。

这位如此刚烈的哲学家，名叫德谟克利特。

1

要了解德谟克利特的哲学思想，还得从他的老师留基伯说起。

留基伯出生在米利都——很熟悉的地名对不对？没错，就是泰勒斯的故乡。留基伯不仅传承着米利都学派的学说，致力于思考世界的本原，也深受爱利亚学派的影响，巴门尼德提出的“存在”、恩培多克勒的“四根说”和阿那克萨哥拉的“种子说”都给他很大的启发。

德谟克利特和他的老师留基伯一起提出了一种新的学说——“原子说”，他们认为，世间万物都是由不可分割的原子构成的。

这里有必要解释一下：

你们如果学过化学和物理就会知道，在现代科学中，“原子”是化学反应中不可分割的最小微粒，是最基础的物质，而在物理概念中，“原子”还能分割为原子核和电子。

所以从德谟克利特“原子不可分割”的理念来看，我们说他所说的“原子”，更接近化学概念中的“原子”。

说到这里，大家会不会觉得这师徒俩很厉害？难道那时候的古希腊人就已经弄清现代科学概念中的原子的结构了吗？

并不是。

这其实又是一个很好的例子，可以说明“哲学和科学的区别”这个问题。

科学家提出一种学说，必须在观测的基础上进行严密论证，比如你要观测到这个东西存在，或者要提供一系列可以证明的证据；而哲学家则不需要提供证据，他主要提供看待人和世界的方法与原则。

从这个意义上说，哲学家的学说不等同于科学观察，但可以指导科学家开展科学探索，比如，虽然古代人对这个世界的认知并不全面，但随着时代的发展，人们总会提出一个问题：

组成物体的最小微粒是什么？会不会有更小的物质存在？

在这些问题上，**哲学家负责思考和假设，科学家负责实验和证明**。

2

德谟克利特进一步发展和完善了老师留基伯的“原子说”。

他认为万物都是由原子构成的，原子在物理上是不可分割的微小颗粒，原子的数量是无限多的——我们要知道，他在那个时候能提出这个说法，已经是相当厉害了。他还认为，原子之间的空隙叫作“虚空”，世界就是由原子和虚空构成的，虚空是原子运动的场所。

那么运动是怎么产生的呢？阿那克萨哥拉说“努斯”是各类“种子”运动的原因。也就是说，“种子”的运动不是由自己决定，而是来自“努斯”的控制。那么这也就产生了一个新的问题，“努斯”的运动又是由什么来决定的呢？

德谟克利特直接从“原子”本身的特性来解释运动的原因。他说，原子在下落过程中，较重的原子会追上较轻的原子，于是它们会发生碰撞，改变原有的运动方向，或者发生旋转。原子层面的这些运动也就导致事物层面的各种运动与变化。

那么，原子的这种运动是偶然的还是必然的呢？大家想一想，德谟克利特认为原子的碰撞、旋转是由什么导致的？对，是不同原子的重量。而各种原子的重量并不是随机的。所以，德谟克利特强调事物的必然性。也就是说，无论是刮风下雨、吃饭喝水，哪怕是生男生女，我们生活中的一切，都是事先确定好的。

德谟克利特是如此钟情自己的“原子”学说，以至于他不仅用“原子”学说解释宇宙的形成，还用“原子”学说解释人的思想。他认为，人的灵魂也是由原子构成的，因此，人的思想过程也是遵循规律的——换句话说，人不同的思考，都是由原子构成的不同形态决定的。

请注意，德谟克利特的学说里，是没有“神”的位置的。在他看来，正是因为愚昧的人缺乏知识，无法认识到世界的本原（比如他的“原子”说），才会对不可解释的奇异自然现象感到惊奇乃至产生恐惧，进而只能把这一切解释为“神”创造的。他认为“神”是完全不存在的，天地之间，能永恒存在的，只有“原子”和“虚空”。

正因为德谟克利特强调事物的客观规律，所以人们把他称为最早的唯物主义者。

3

说到唯物主义者，同学们可能马上会想到我们都很熟悉的马克思。

但是在马克思心目中，德谟克利特的学说最多只能算是机械的唯物主义。马克思在自己的博士论文里比较了德谟克利特和另一位古希腊哲学家伊壁鸠鲁的哲学思想。

正如我们刚才提到的，德谟克利特构建的原子世界有一个鲜明的特点，就是没有偶然，只有必然，所以马克思认为这样的原子世界是不自由的。而在伊壁鸠鲁学说中，原子偶尔会发生偏斜运动，这种在必然性之外的偏斜运动被马克思称为“自由”。

这种自由可不是打破既定规则那么简单，它代表一种可能性，是原子的“自我意识”，也是这个世界发展变化的真正动力——这个世界的发展和变化，并不是事先全都安排好的。

说到这儿，同学们可能有些似懂非懂，不知道你支持哪一种学说？

但有一点请大家记住，这些哲学家并不是真的在讨论“原子”，或是在描述宇宙的构成，而是借“原子”这个概念来表达自己的学说。

在德谟克利特所生活的时代，真正意义上的现代科学还没有诞生，更别提精密的观测设备和先进的实验方法了。我们能发现德谟克利特的学说与许多近代科学发现不谋而合：比如他的原子学说，就启发了后世的科学家，后人就沿用了“原子”这个词来命名组成分子的最小化学单位。

这实在是一件很奇妙的事。

与其说德谟克利特是一位预言家，倒不如说哲学和科学在探索人与世界的关系时，其实是殊途同归的。

4

最后，还是有必要来说一下德谟克利特生平的遭遇，这可能会对大家也有一些启发。

德谟克利特出生在希腊东北方的繁荣城市阿布德拉，他的父亲是一个富商，所以家境很优越。

德谟克利特很小的时候就接受了神学和天文学方面的知识灌输，自己对东方文化也有浓厚的兴趣。为了激发自己的想象力，他甚至会走到荒凉的地方或独自一人去墓地。

成年以后，德谟克利特更是游历四方：他到雅典学习过哲学，去埃及学习过几何，在尼罗河的上游研究灌溉系统，在僧侣居住的寺庙学习如何观察星辰和推算日食时间。他堪称是古希腊的一个全才，在逻辑学、物理、数学、天文、动植物学、医学、心理学、伦理学、教育学、修辞学、军事学等方面都很有研究，同时还是一个出色的音乐家、画家、雕塑家和诗人。

为了进一步通过游历增长见识和学习知识，他和自己的两个兄弟分了家，他自己取了最少的一部分家产，大约是100塔兰同（古希腊的一种货币单位）。他拿了这笔钱后就漫游了古希腊各地，到过埃及，到过巴比伦平原，最南到过埃塞俄比亚，最东到过印度，甚至还在波斯结识了一群占星学家。

当他把钱花得差不多的时候，就回到了自己的家乡阿布德拉，殊不知有一场审判在等着他。阿布德拉有一条规定，将祖上财产耗尽而不事生产的人，将被驱逐出境，死后也不能迁回安葬。

在审判他的法庭上，德谟克利特为自己做了辩护：

“在我同辈的人当中，我漫游了地球的绝大部分，我探索了最遥远的地方；在我同辈的人当中，我看见了最多的土地和国家，我听过最多有学问的人的讲演；在我同辈的人当中，勾画几何图形并加以证明，没有人能超得过我，为埃及所丈量的土地，也未必有人能超得过我……”

然后，他当庭阅读了自己写的书（后被推测应该是《宇宙大系统》，德谟克利特写下过52部作品，但大多数都已经消失，只留下少数残卷）。

在听了他的辩护和作品之后，所有人都感到震撼，法官当庭宣判他无罪，并且给予他500塔兰同的报酬——相当于他挥霍掉的财产的五倍——用来奖励他写出的这部著作。

德谟克利特在世时，阿布德拉市里就竖立起了他的铜像，他死后享受了隆重的国葬。

很多出色的哲学家，并不是成天局限在自己的一个小书房里，挖空脑袋在思考，他们中的很多人都是走到室外的广阔天地，去游历，去感受，去学习，在旅行和探访中不断思考，总结，得出新的观点。德谟克利特勇于大胆假设的性格，以及在他所处的那个时代就能构想出如此超前的“原子说”，都与他四处游历和学习密不可分。

而我们中国人其实也有一句话，叫“读万卷书，行万里路”，保持不断的思考当然非常重要，但如果有机会有能力，多去一些地方，多经历一些人和事，对你整个思想境界的提高，也是大有帮助的。

多看多思，大胆假设，广阔天地，大有可为，加油吧！

人物卡：德谟克利特

德谟克利特出身于一个富商家庭，喜欢在游历中增长见识、学习知识。他大胆假设，比科学发现早两千多年构想出了“原子”。

知识卡1：原子说

德谟克利特认为世界是由原子构成的，原子是无法再分割的基本微粒。从他的“原子不可分割”这个理念出发，他所说的“原子”，对应的是现代化学概念中的“原子”。

知识卡2：科学与哲学的区别

德谟克利特的“原子说”这个例子，很好说明了哲学与科学的关系：哲学家侧重思考和假设，科学家侧重实验和证明。

第八章

芝诺——古希腊最著名的“杠精”

一转眼，已经到第八章了。

如果你能坚持看到这里，甚至还带有那么一点兴趣，那么恭喜你：可以说你已经初步迈入古希腊哲学的大门了。

在这一章，我们要介绍一位比较特别的哲学家。这位哲学家给古希腊人出了一堆的难题，用现在的眼光看过去，他有点像我们现在所说的“杠精”。两千多年来，全世界的学者都在想尽办法证明他那些“抬杠”的观点和理论是错的！

这个“杠精”就是芝诺。

1

关于芝诺的故事，还得从赫拉克利特和巴门尼德的争论说起。

大家还记得吗？赫拉克利特说宇宙是一团永恒运动的活火，世界是不断变化的；而巴门尼德认为运动和变化都是感官的幻觉，世界就是一个绝对的“一”。

本章的主人公芝诺，就是巴门尼德的学生，他就像代表老师去踢馆的大弟子，一口气提出了40个悖论，目的只是想证明一件事：

运动这种东西，是不存在的！

我们先要解释下，什么叫悖论？

这个世界上存在这样一类命题，它可以推导出与经验、常识相悖的或者两个互相矛盾的结论——这种命题我们就叫它**悖论**。

举个例子，从前有个小镇，镇里有位理发师，有一天他说：“我将给镇上所有不给自己理发的人理发，我也只给这些人理发。”

那么他到底该不该给自己理发呢？如果他不给自己理发，那么他就属于“不给自己理发的人”，但按照他的诺言，他就得给自己理发；可他一旦给自己理发，又违背了自己的诺言，因为他就成了给“给自己理发的人”理发。

理发师的这句话，使得他不管是否给自己理发，都是自相矛盾的，我们就说这是一个悖论。

那么，理发师要怎么说才能避免出现悖论呢？其实，他只要把那句话里的“所有人”改成“除我以外的所有人”就可以了——他的那句话就变成了：“我将给镇上除我以外所有不给自己理发的人理发，我也只给这些人理发。”

听上去是不是觉得有些费脑子？如果你感到费脑子，那么讲这个故事的人就达到目的了——哲学家创造悖论，正是为了锻炼人们的逻辑推理能力、促进思考。

而这位芝诺，就是一个创造悖论的高手。

2

我们来说说芝诺比较著名的两个悖论。

第一个悖论叫**“阿基里斯和乌龟赛跑”**。

古希腊神话里有一个英雄人物叫阿基里斯（或译为阿喀琉

斯），他是海洋女神忒提斯和英雄珀琉斯的儿子。阿基里斯非常强大，除了脚后跟有弱点外，浑身刀枪不入，跑步的速度也非常快。

芝诺假设了一场赛跑，参赛选手是两个人，一个是速度过人的阿基里斯，一个是慢吞吞的乌龟。

你说这场赛跑的结果会怎么样？

这里还要指出一点，阿基里斯不会像“龟兔赛跑”故事里那只兔子那样在半途睡着，他是会全程拼命往前跑的。

那么，结果还需要说吗？

芝诺却说：“只要让乌龟先爬一段路，阿基里斯就无论如何也追不上乌龟！冠军肯定是乌龟！”

听到这个结论，你肯定会想：这不是胡扯吗？

芝诺说，我可没胡扯，我来证明给你看！

芝诺是这么证明的：

假设乌龟先爬一段距离，无论是1米，还是半米，哪怕是1厘米，甚至是1毫米，然后阿基里斯再出发追赶。当阿基里斯追到乌龟先前所在的那个位置时，乌龟爬得就算再慢，也会利用阿基里斯奔跑的这段时间往前爬了一小段吧？哪怕只是爬0.1毫米，也是往前爬了。好，那么当阿基里斯接下来追上这一小段的时候，乌龟肯定又往前爬了一点点，哪怕是0.01毫米……

所以你看，虽然阿基里斯跑得非常快，乌龟爬得非常慢，但从这个道理上讲，阿基里斯只可能越来越接近乌龟，而无法真正地追上乌龟。

来，我们停一下，想一想，芝诺这么说好像很有道理对不对？但这明明是不可能的啊！

究竟是哪里出了问题？别急，我们先把第二个悖论听完。

芝诺提出的第二个悖论，叫**“飞矢不动”**。

“矢”就是和弓搭配使用的箭。弓一旦拉开发射，箭就会快速地向前飞出去——这是最基本的常识对不对？

但芝诺说，不对！飞行着的箭根本就没在运动！

哎呀，这个芝诺是不是真的很烦啊？又在胡扯？

但是，这家伙又能给出自己的证明：

他说，这支箭在飞行的过程中，在每一个时间点，都处于一个固定的位置，占据一个固定的空间——而在这一刻，占据这个空间的物体，是静止的。

时间是由一个个时间点组成的。既然这支箭在每个时间点都不动，那么它在整个飞行的过程中就是不动的——这就是芝诺做出的解释。

于是，芝诺就宣布：

“运动是不存在的！你觉得这个东西在动，这只是你感官的幻觉。”

怎么样？是不是觉得这两个悖论听上去完全是胡说八道，但按照芝诺的理论，似乎无法反驳？请大家注意，这恰恰就是芝诺创造的悖论与前面说的“理发师悖论”的差别：“理发师悖论”是从初始命题推出两个彼此矛盾的结论；而芝诺悖论呢，则是从芝诺造出来的命题推出和经验、常识相矛盾的结论。

芝诺的悖论困住了无数想和他争辩的人，对此，他表示：

“人的知识好比一个圆圈，圆圈里面是已知的，圆圈外面是未知的。你知道得越多，圆圈就越大。”

3

芝诺的这些悖论提出之后，古希腊的那些哲学家都坐不住了。

他们纷纷想尽办法，从不同的角度驳斥这些命题。古希腊犬儒学派有一位哲学家叫第欧根尼（我们后面会讲到他），有一次被学生问起该如何反驳芝诺时，他沉默着在房间里走来走去。学生对此感到很疑惑，第欧根尼就说：

“芝诺认为运动不存在，我这不是正在证明他是错的吗？”

第欧根尼的这种证明方法很巧妙，他想告诉学生，当我们确确实实用感官（比如眼睛）感受到事物在运动的时候，运动就是真实存在的。

但芝诺恰恰是想证明：你的感官欺骗了你！

大家还记得我们讲过哪位哲学家特别强调感性经验吗？对，就是恩培多克勒。而芝诺不认可感官接收到的信息，他更相信由理性思考获得的东西。他故意说出那些看上去违背常识的结论，就是要告诉大家，感官有时候是不可靠的。

所以说，芝诺和第欧根尼站在了理性和感性的不同角度，如果他们俩能当面对质，结果很可能是谁也无法说服谁。

随着时间的推移，越来越多的哲学家、物理学家、数学家加入了反驳芝诺所提悖论的队伍里。就这样，芝诺的悖论被人们谈论了两千多年。

其实芝诺的说法肯定是有问题的，但为了说清芝诺悖论中的问题，历代学者搬出了一堆堆的数学公式和术语，看得人眼花缭乱。那么，能不能用比较简单的话来解释一下呢？

4

如果能抓住关键点，倒也不算太难。

“阿基里斯和乌龟赛跑”以及“飞矢不动”的问题在于：芝诺忽视了——或者故意略过了——时间和空间的连续性，而运动正是在连续的时间和空间里发生的。

听上去很抽象是不是？给大家举个例子。

当你看到一名运动员在跑道上奔跑的视频的时候，你看到的是一组运动的画面，因为你眼前的时间和空间是连续的；

而当你用照相机给这名奔跑的运动员拍下许多张照片的时

候，每一张照片上的运动员都是静止不动的，因为每张照片所记录的时间和空间是不连续的，它们所处的时空都是断开的。

芝诺就是把原本连续的时间和空间给强行断开了。

让我们再来回顾一下芝诺对“飞矢不动”的证明过程：

芝诺认为这支箭在每一刻都占据了一个固定的位置，是静止的，所以它在整个过程中是不动的。就像我们给这支飞行的箭拍了很多照片，因为每张照片上的箭都是静止的，所以这支箭没有动过。

但事实上呢？这支箭从一个位置到了另一个位置，正是靠运动而不是魔术师把它搬运过去的——芝诺把这个运动的连续过程给抹杀了。

再来看看“阿基里斯和乌龟赛跑”，其实是一样的道理：

芝诺把阿基里斯跑过的空间距离切分成一组一组，这样一来，阿基里斯好像跟乌龟跑了无数场比赛似的，永远看不到尽头。

打个比方，你在肚子很饿的时候，吃一根很长的面条，如果你连续不停地吃，一会儿就能把它吃完。但是现在规定，你每次得把面条咬断，然后吃掉其中较长的那段，接着再把剩下的咬断，吃其中较长的那段……这样一来，是不是感觉吃了很久也吃不完呢？只要面条还能再细分，你就永远也吃不完！

芝诺就是这样，把阿基里斯跑过的距离切分成无数段，看起来阿基里斯就永远比乌龟落后一点点。而在现实当中，阿基里斯的奔跑是在时空中连续发生的，芝诺又一次人为切割了连续的时空，把它们变为一个个隔断的固定时空——这种时空在现实中是不存在的。

正如你两三口就可以吃完面条一样，阿基里斯只需要两三步就能追上乌龟啦。

说到这里，要顺便说一句，有一门学科叫“微积分”，就是来解决无限分割的事物的计算问题，你们在大学的数学课上就会学到。

芝诺所处的那个时代，当然没有微积分，但他通过偷换概念，得出的是一个错误的结论。

当看到运动员将足球踢进球门时，当看到落叶被风吹起又飘下时，当看到地铁或列车隆隆驶过时，我们感受到的是在连续的空间和连续的时间里发生的连续运动。运动的轨迹可以描绘、测算，但运动本身是无法度量的。从这个意义上来讲，第欧根尼用走来走去的方法来反驳芝诺，确实还挺高明的。

但问题来了，有人会问：

既然芝诺悖论是有漏洞的，是错误的，我们为什么还要了解它呢？

5

因为了解芝诺的悖论，对我们提高思辨能力是有很大帮助的。

20世纪伟大的哲学家维特根斯坦曾把哲学思想比喻成梯子。他认为，人们不应该仅仅关心梯子本身，而是应该关心到底有多少种不同的梯子，以及关心这些梯子可能会通向哪些不同的方向。

而“芝诺悖论”就是这样一架梯子。

虽然千百年来，有很多人都不认同芝诺的结论，认为这种歪门邪道不值一提。但每个时代的智慧学者都认为，芝诺的悖论值得反驳。这是因为，当人们在谈论、驳斥芝诺悖论的过程中，会不断地思考和论证，逐渐就形成了对于时间、空间、有限和无限的认识。

所以也请你记住一句话：

有时候，提出一个有价值的问题，比回答一个问题更有意义。

好了，不要以为古希腊时期只有芝诺一个哲学家会这样诡辩，在下一章，我带你们认识一个同样很善于辩论，甚至说是“狡辩”的哲学家。

人物卡：芝诺

芝诺是我们之前说过的巴门尼德的学生，他提出了很多看上去完全不符合常识的“悖论”。乍一看，他就有点像在抬杠，也就是像我们今天互联网语言中的一种形容——“杠精”。实际上，他是在用这种方式促进大家思考。

知识卡1：悖论

可以推导出两个相互矛盾结论的命题，或可以推出与经验、常识相悖的结论的命题，我们称它为悖论。芝诺就提出了两个著名的悖论：“阿基里斯和乌龟赛跑”以及“飞矢不动”。

知识卡2：芝诺悖论错在哪儿？

他把连续的时间和空间强行断开了，把它们变为一个个隔断的固定时空——这种时空在现实中是不存在的。

知识卡3：微积分

微积分可以解决无限分割事物的计算问题，也可以用来破解“芝诺悖论”。

知识卡4：问题的价值

有时候，提出一个有价值的问题，比回答一个问题更有意义。

不要害怕提问题，也不要害怕提错误的问题，只要问题有价值，就会促进你思考，帮助你提高。

第九章

普罗塔哥拉——“人”是万物的尺度

上一章，我们介绍了芝诺，也介绍了他那两个最著名的悖论。

有人说，芝诺可以称得上一个诡辩家了。什么是诡辩？诡辩是一种看似正确、实际错误的辩论，巧妙地利用人们看不出的漏洞来证明自己的观点。

今天我们要讲的这位哲学家也很善于辩论，这个人就是智者学派的代表人物，名字叫普罗塔哥拉。

1

其实，“智者”这个词原来是个褒义词。

在古希腊的早些时候，“智者”不分行业，可以指各行各业的聪明人：造船工人、铁匠、雕刻大师都可以被称为“智者”。后来“智者”慢慢变成了“教授”的代名词，专门指那些收取报酬给别人上课的老师。

为什么当时的希腊会出现“智者”这类人呢？正所谓哪里有需求，哪里就会有“市场”。那时候的希腊，民主政治发展得很好，普通的公民都能参与城邦的公共事务，有很多年轻人想在政治上一显身手，所以就会拜智者为师，学习演讲、辩论的技能。

普罗塔哥拉就是最有名的一位智者。

他曾在希腊的各个城邦周游，过着到处收徒讲学的生活。普罗塔哥拉认为每一个城邦公民都应该积极投身到公共事务中去。他借用了哲学家德谟克利特的“原子”理论来说明这个观点。

还记得吗？德谟克利特说过，万物是由原子构成的，原子处在永恒的运动之中，它们之间也会相互碰撞（当然我们还是要再说一下，德谟克利特的原子学说并不是科学观察的结果，而只是他对宇宙的一种思考和推测，毕竟证实原子的存在也就是最近两三百年的事）。

普罗塔哥拉就把这个“原子说”给延伸了，他说，如果把城邦看作一个整体，那么公民就是其中的一个个原子。每个自由公民都是独立的，但是他们也会像原子那样相互碰撞，各自发表观点，互不相让，这样的城邦才是一个有前途的城邦。

而普罗塔哥拉的职业，就是教人如何使用优雅的语言来表达观点，以及如何在激烈的辩论中获胜。

2

说个小故事吧，它可以展现普罗塔哥拉当时在人们心目中的形象。当然，这个故事的真实性还有待考证，很可能是人们编出来的。

据说有一次普罗塔哥拉招了一名学生，他们约定：只有这名学生第一次打官司获胜，他才需要付给普罗塔哥拉学费，否则就不用付钱。结果这名学生的第一场官司是什么呢？是普罗塔哥拉起诉了他，要他交学费。

普罗塔哥拉是吃饱了撑的吗？这么做有什么玄机吗？

你们不妨想一想：

如果这个学生官司获胜，会怎样？那么虽然他不用按照法庭宣判付给普罗塔哥拉学费，却要按照双方事先的约定给普罗塔哥拉付学费。

那么如果这个学生败诉了呢？那就应该按照法庭宣判，付给普罗塔哥拉学费。

也就是说，无论官司输赢，这名青年都得交钱！

可能你们会说，这个故事里的普罗塔哥拉看起来挺有头脑的，但是好像有点狡猾，形象不太美好啊……

你还真说对了！在当时的古希腊，很多人并不喜欢这种所谓的“智者”，认为他们只是会耍小聪明，寻找人们逻辑上的漏洞来占便宜，所以这个故事也很有可能是那些人编出来用来讽刺以普罗塔哥拉为代表的“智者”群体的。

当时城邦里的当权者以及一些哲学家都对他们很反感，古希腊“三贤”之一的柏拉图就在自己的著作里公开表达了对普罗塔哥拉的不满。这是为什么呢？原来，这跟智者学派的学说有关。

普罗塔哥拉究竟提出了什么令人恼火的观点呢？

3

普罗塔哥拉最有名的一句话是：

人是万物的尺度，是存在者存在的尺度，也是不存在者不存在的尺度。

“尺度”就是“依据”和“准则”的意思。这个词，我们之前说的有一位哲学家说过，大家还想得起来吗？对，就是赫拉克利特，他曾经说过：

（宇宙）过去、现在和将来永远是一团永恒的活火，按一定尺度燃烧，按一定尺度熄灭。

赫拉克利特的意思是，宇宙的运转是有一定的原则和规律的。

而普罗塔哥拉说“人是万物的尺度”，意思就是，什么火啊，水啊，逻各斯啊，都是不对的，只有“人”才是世界万物存在的依据和准则。

听到他这句话，你可能挺淡定的，觉得没什么大不了的，甚至疑惑这句话有什么特别吗？但是你要想，这对于两千五百年前的古希腊人来说，无疑是一颗大炸弹啊！

大家想想，那时候大多数古希腊人——包括其他文明种族的人，认为万物的尺度是谁？

是神啊！

在古希腊大多数人的认知里，只有万能的神，才是万物的尺度——奥林匹斯山上的众神不仅可以改变世界万物，也可以改变普通人的命运。

而普罗塔哥拉在一本叫作《论神》的书的开头这样写道：

“至于神，我没有把握说他们存在或者他们不存在，也不敢说他们是什么样子。”

他虽然没有否定神的存在，甚至他本人依然还是崇拜神，却不再把神看作世界的运行法则。

而且，你不说神是尺度就算了，你直接把在神话中最卑微的凡人说成万物的尺度，那是很多人之前想也不敢想的事情啊！

所以在这一点上，普罗塔哥拉和芝诺有点像，他们都把很多值得思考的问题摆在了我们面前。

4

那么，“人是万物的尺度”这句话，为什么会遭人恨呢？

因为这句话不仅让很多尊奉神灵的古希腊人感到不安甚至恼怒，其实也让那些走在自然哲学探索之路上的哲学家感到震惊。

在普罗塔哥拉之前，已经有不少哲学家开始追寻宇宙的本原，探求世界的“逻各斯”，他们不相信神，也不相信人，他们相信万物有客观规律，不管人类有没有认识到这些规律，它们都是存在的。

比如说，冰块遇热会融化，不管人们是不是明白其中的道理，大自然都是这么运转的。而普罗塔哥拉告诉大家：不是那么回事儿！他认为，我们不能抛开“人”来谈论这个世界是怎样的，因为“人”才是万物存在或者不存在的尺度。

在普罗塔哥拉看来，风对于觉得冷的人来说是冷的，对于不觉得冷的人来说是不冷的，因此每个人都有自己的感觉和对世界的认知，谁能证明自己的认知是绝对正确的呢？

所以普罗塔哥拉得出的结论就是：没有绝对的真理，我们只能说某种看法比另一种看法更好一些，但是我们很难说某种看法比另一种看法更接近真理。

比如说，一个人是色盲，而健康的人能看到各种各样的颜色。相比健康的人来说，有色盲的人很难区分不同的色彩，这样会给他的生活带来很多麻烦。你想，如果一个人分不清交通信号灯的颜色，那该多危险啊！所以我们可以说，健康人对颜色的感觉要比色盲更好一些。

但是，我们无法说普通人看到的色彩更接近真理。普罗塔哥拉认为，某个东西到底是色盲看到的黑白色，还是健康人看到的颜色，这个问题根本没有意义。

就这样，普罗塔哥拉走上了怀疑的道路，他对许多传统的风俗习惯、宗教观念都提出了挑战。这么一来，城邦的当权者当然对他很不满意啦！普罗塔哥拉也不相信客观真理存在，他还对以往哲学家的观点提出质疑，甚至认为世界上并没有什么确定的、可靠的知识。

智者学派中有个叫高尔吉亚的人，把这种怀疑的精神发挥到了极致。他认为：这个世界上任何事物都不存在；就算有东西存在，我们也无法认知它们；就算有人能认知它们，这个人也无法把它们传达给别人。

你看，在智者学派的眼里，那些冥思苦想的哲学家其实都是在做无用功，这能不遭人恨吗？

5

大哲学家柏拉图就是不满意人群中的一员。

他找了一个反例来讽刺普罗塔哥拉“人是万物的尺度”的观点：

你普罗塔哥拉不是认为人对世界的感觉各不相同吗？好的，那么猪、狗、大猩猩也有各自不同的感觉，按照你的理论，那应该也可以说“猪是万物的尺度”或者“大猩猩是万物的尺度”才对啊！

柏拉图甚至说过：“我看他还不如一只蝌蚪聪明。”

哈哈，哲学家骂起人来也是很刻薄的啊！

但是，也有人有不同的意见。

柏拉图的学生亚里士多德就比他的老师冷静一点，他认为普罗塔哥拉强调人是万物的尺度，不仅因为人有感觉，还因为人有思维。这可是其他动物所不具备的。也就是说，普罗塔哥拉的观点可以理解为：人的感觉和思维才是万物存在或不存在的尺度。

黑格尔也觉得普罗塔哥拉很了不起，因为普罗塔哥拉是第一个把“能感知、会思考的人”拉到哲学视野中间的人。

在普罗塔哥拉看来，人是一切知识和学问的规定者，因此也可以说人是世界的规定者。还记得我们前面提到的那个例子吗？冰块遇热会融化，不管人是否懂得这个现象，它都是存在的。但是反过来想想，当人认识到这个规律，并且去理解它、运用它的时候，人的世界才变得清晰起来，“冰块遇热融化”这件事在人的世界里才具有了意义。

普罗塔哥拉将古希腊哲学的视线从大自然拉到了人的身上。不过，他的观点也不是一下子从石头里蹦出来的，从他之前的几位哲学家的学说里已经能看到端倪了。大家还记得吗？阿那克萨哥拉曾说，一切种子的运动源自“努斯”的控制，而“努斯”就是心灵、灵魂的意思。德谟克利特则说，人的灵魂也是由原子构成的。按照普罗塔哥拉的理论，城邦里的一个个居民也像“原子”一样，他们彼此相关，但又彼此独立，社会就是在居民们充分表达观点、彼此碰撞的过程中不断进步的。

不管普罗塔哥拉的观点如何受到争议乃至攻击，但有一点是大家都认可的：

在古代，人们真正意识到“人”的价值并不是一件容易的事。

而普罗塔哥拉虽然对各种事物都抱有怀疑姿态，但他还会去认真思考和探寻。他说过一句很有名的话：头脑不是一个可以填满的容器，而是一支需要被点燃的火把。

这句话至今还激励着一批又一批希望独立思考的人。

好了，这一章到这里就进入尾声了。我们说普罗塔哥拉关注“人”，这点很不容易。在古希腊哲学的历史上，还有一位大哲学家也非常关注“人”，很多雅典人把这位哲学家也看作智者学派的成员。但实际上，他是智者学派的反对者——智者学派认为世界上没有确定的知识，而他坚定地追求真理，这是他们最大的区别。

而他的名字，你们一定听到过，因为他的名气比我们之前提到过的所有人的名气都要大得多。

下一章，我们就来说说他，你猜到他是谁了吗？

人物卡：普罗塔哥拉

古希腊智者学派的代表人物，提出了“人是万物的尺度”这个观点，这在当时是非常具有颠覆性的。

知识卡1：怎样理解“人是万物的尺度”呢？

由普罗塔哥拉提出，按照亚里士多德对该观点的解读，人是万物的尺度，不仅因为人有感觉，还因为人有思维。这可是其他动物所不具备的。也就是说，可以理解为：人的感觉和思维才是万物存在或不存在的尺度。

知识卡2：思考的意义

普罗塔哥拉提出："头脑不是一个可以填满的容器，而是一支需要被点燃的火把。"这句话激励了一批又一批人独立思考。

第十章

苏格拉底——你能扛住我的提问吗？

从泰勒斯开始，到普罗塔哥拉为止，我们已经讲了九位哲学家，这九位哲学家，都有一个共同的称号——“古希腊早期哲学家”。

从这一章开始，我们就要进入一个新的阶段：由三位古希腊最著名的哲学家开创的时代。

这三位哲学家，被称为“古希腊三贤”，他们是古希腊哲学历史上最著名的三个人，代表了整个古希腊哲学的巅峰时期，也起到了承上启下的作用。

他们分别是：苏格拉底、柏拉图和亚里士多德。

而今天，我们就要来说一说苏格拉底。

1

首先，我想先请大家和我一起，来到公元前399年古希腊雅典的一个法庭现场。

这个法庭正在进行一次审判，审判的对象，就是我们今天要说的主人公，苏格拉底。

这一年，他已经70岁了。

这是一场规模庞大的审判，陪审团一共有501人，他们来自雅典的各行各业，是从6000名候选者当中选出来的。那时候的雅典人相信，人民是最公正的，而这个陪审团完全能够代表民意——在法庭辩论结束后，将由他们投票决定被告人是否有罪。

而我们的主人公苏格拉底，就站在审判席的位置上，非常显眼。据说他长相丑陋，总是穿着破旧的衣服，有时候甚至会在大冬天赤着脚，所以即便走在大街上，你也会很容易找到他的身影。

此时，法官开始宣读苏格拉底的罪名：

“苏格拉底不相信城邦认可的神，引入其他新的神！苏格拉底教坏了城邦里的年轻人！按照控告他的罪名，他应该被处死！”

苏格拉底看上去很镇定，他表示自己无罪，既没有不尊重神灵，也没有教坏年轻人。他说：“只要我还有这口气在，我就会继续研究哲学。不管碰到你们中间的哪一位，我都将劝诫他，揭露他的无知，因为我知道这是神的命令。”

苏格拉底曾说自己就像一只牛虻（就是那种会在牛羊身上叮咬的虫子），能让雅典人对生活现状保持清醒，但是他也很清楚，这样会惹人讨厌。

在法庭上，苏格拉底说：

“你们可以轻而易举地把我这只牛虻打死，然后你们就可以安稳地过日子了，除非上天给你们再派来另一只牛虻。”

旁听审判的人们脸上的表情各不相同。有些人好像对苏格拉底的话感到不以为然，甚至面露怒色；而有些人则流露出焦急的神情——他们是苏格拉底的学生和朋友。

苏格拉底的学生柏拉图也坐在那儿，神情紧张，因为他觉得苏格拉底的这番话并不能说服法官，甚至会激怒他。

陪审团开始投票了！结果显示，281票认为苏格拉底有罪，220票认为他无罪——超过一半的陪审员认为对苏格拉底的控告是成立的。

不过，有陪审员提出了一个变通的办法：苏格拉底可以通过交罚款来免于一死。

庭下苏格拉底的朋友们听到这里，都松了一口气，他们纷纷表示愿意替苏格拉底交罚金。

但这时候，苏格拉底的话让人们大吃一惊：

“我的言行一致，对国家、对社会都有利。法庭不仅不应该审判我，而且应该给我荣誉，让我到卫城的圆顶餐厅免费吃饭。”

苏格拉底根本不打算认罪！

这番话彻底把陪审团给惹怒了，一些起初认为苏格拉底无罪的陪审员，都转而认为苏格拉底应该被处死。第二轮投票结果出来了——361票支持判处苏格拉底死刑，只有140票支持将他无罪释放。

而苏格拉底好像早就料到了这个结果，在离开法庭前，他说了这么一段意味深长的话：

“离开这里的时候已经到了，我们各走各的路——我去死，你们继续生活。我们中谁更幸福，只有神才知道。”

2

好，现在让我们暂时先离开公元前399年那个著名的审判法庭。

想必现在你很想知道：苏格拉底究竟是怎样的一个人？为何雅典人民要判他死刑？他又为什么坚决不肯认罪？

如果你来到公元前399年雅典的街头，拉住一个路人打听一下苏格拉底究竟是怎样一个人，他多半会对你说：

“苏格拉底这个人，古怪得很呢！”

如果你恰好碰到了一个熟悉苏格拉底的人，他还会告诉你一些他知道的关于这个疯老头子的传闻。

有一次，苏格拉底和朋友一起去参加宴会。当他的朋友到达时，大家惊奇地发现同行的苏格拉底并没有一起到达。于是立即派人沿路寻找，结果看到苏格拉底正呆呆地站在一户人家的廊柱下。仆人回去报告说：“苏格拉底站在那里一动也不动，叫他也没有反应。”等到宴席已经过了一半的时候，苏格拉底才到来。原来，当他思考问题的时候，就会随时随地停下来，别人以为他在发呆，实际上他在头脑中跟自己进行着激烈的思想争论。

为什么苏格拉底经常会这样陷入思考状态呢？因为他曾经说过一句很有名的话：

我除了知道我的无知这个事实外，一无所知。

事实上，他的这句话并不是在说自己没有知识，而是说人必须认识到自己对这个世界还有很多不理解、不清楚的地方，那些看上去理所当然的事情，其实很可能是错的。

苹果公司创始人乔布斯曾说过一句话——Stay foolish, stay hungry（意思大致为“虚心若愚，求知若饥”），他的这句话和苏格拉底的名言所表达的意思其实是相近的。

而苏格拉底不仅时刻提醒自己是“无知”的，关键他还要像一只牛虻一样，时刻要提醒别人，别忘记每个人都很无知。

而这就是让他被带到法庭上，乃至被陪审团大多数人宣判处死的一个原因。正是苏格拉底那种无论如何也要追求真理的精神，最终让他付出了生命的代价。

3

苏格拉底有一套自己追求真理的方法，他把它称为“精神助产术”。

为什么要叫这个名字呢？苏格拉底的母亲是一位助产士。助产士的工作是帮助产妇把孩子生下来，顾名思义，“精神助产术”就是帮助别人把“思想”生下来。

苏格拉底认为，要想获得知识，就得对不同的想法进行发问和讨论。

那么，苏格拉底是怎么做的呢？

他每天都会出门，跑到雅典的市区广场上去跟陌生人交谈。他的妻子对于他不想办法赚钱这一点非常不满，经常责骂他，有时候还会把脏水泼到苏格拉底的身上——这么一来，苏格拉底就更往外跑了。

市区广场是雅典公民聚会的地方，大家在这里做买卖、讨论政治大事，总之是非常热闹。苏格拉底随便拉住一个人就会开始发问：“你觉得什么是正义？”“你觉得什么是勇气？”等别人回答之后，他又继续追问或者挑出别人话里的漏洞进行反驳，就这么持续发问，直到对方崩溃为止。

有一次，苏格拉底拦住一个过路人，问他：“请问，人人都说要做一个有道德的人，但道德究竟是什么？”

路人回答：“忠诚老实，不欺骗人。这就是公认的道德行为。”

苏格拉底继续问：“你说道德就是不能欺骗别人，但和敌人交战的时候，我军将领千方百计地去欺骗敌人，这能说不道德吗？”

路人回答：“欺骗敌人是符合道德的，但欺骗自己人就不道德了。”

苏格拉底又问：“和敌人作战时，我军被包围了，处境困难，为了鼓舞士气，将领就欺骗士兵援军到了。于是，大家奋力成功突围。这种欺骗能说是不道德吗？”

路人回答说：“那是战争中无奈才这样做的，我们日常生活中就不能这样。”

苏格拉底问：“我们常常会遇到这样的问题，儿子生病了，却又不肯吃药，父亲骗儿子说，这不是药，而是一种好吃的东西。请问这也不道德吗？”

路人只好承认：“这种欺骗是符合道德的。”

苏格拉底又问："不骗人是道德的，骗人也可以说是道德的。那就是说道德不能用骗不骗人来说明。究竟用什么来说明呢？还是请你告诉我吧！"

路人最终只好说："不知道道德就不能做到道德，知道了道德就是道德。"

苏格拉底就把这种通过不断发问，从辩论中弄清问题的方法称作"精神助产术"。

这种方法可以启发人的思想，使人主动地去分析、思考问题。他用辩证的方法证明真理是具体的，具有相对性，在一定条件下可以向自己的反面转化。这一认识论在欧洲思想史上具有巨大的意义。苏格拉底想用这种方式告诉人们：虽然你们看上去非常自信，好像什么都知道，但实际上你们什么也不懂。

我们应该都能看出来，这种方法是会惹人讨厌的，因为他好像总是在证明别人有多无知。尤其是那种总缠着别人发问，一直要追问到别人无话可说为止的形式，从某种意义上说，苏格拉底也是一个标准的"杠精"！

但事实上，苏格拉底跟"杠精"完全不一样。我们在生活中遇到的"杠精"喜欢混淆概念、偷换话题，这些人的目的就是证明对方是错的，至于真理是什么他们毫不关心。但苏格拉底不断发问的目的是让人们更加清楚、透彻地理解一些重要的问题。苏格拉底知道自己的无知，他想让其他雅典人也都认识到个人的无知，于是难免有很多人都会嫌他烦。

不仅如此，他还认为不能把城邦的政治交给无知的雅典公民来决定。

他有时候会先问一些看似无关的问题："如果我想修鞋，要去找谁呢？"别人会毫不犹豫地回答说："当然是去找鞋匠啊。"苏格拉底又会问找谁来修家具、修船只，直到被问的人稍稍有点不耐烦了，他才问道："那么应该找谁来修理国家这艘大船呢？"

苏格拉底的意思是，应该找那种精通政治的人来统治国家，而不能把国家交给外行。当时的雅典城邦是由全体公民来参与政治的，但实际上绝大多数人并不太明白政治是什么，也不懂如何治理国家。所以当苏格拉底一次次地向别人提出这样的问题时，人们都觉得他是在跟雅典的政治制度过不去。

从这个角度来说，苏格拉底确实是一只想让雅典人清醒起来的“牛虻”。他希望人们好好思考一些关于人生、关于社会的问题。

苏格拉底说过一句很有名的话：**“未经考察的生活是不值得过的。”**

这句话的意思是说，人必须对自己的生活进行反思，要搞清楚什么是对的，什么是错的，要明白自己为什么这么说、这么做。如果一个人没有好好思考过自己的人生，那他只不过是在浑浑噩噩地混日子罢了，这样的生活没有意义。他并不像之前的哲学家那样想探索宇宙的终极规律，他更关注人的心灵。

苏格拉底的“精神助产术”并没有创造新知识，他的可贵之处在于提醒人们认识到自己的无知，并且要认真思考关于生活和社会的问题。

可惜，雅典人并不理解他的良苦用心。

4

现在，让我们再回到两千四百多年前，继续看看那场著名的法庭审判吧。

在法庭上，苏格拉底看上去傲慢的回答激怒了陪审团，于是，他被自认为睿智、冷静、公正的人民陪审团判处了死刑。

要让人知道自己无知、承认自己无知，确实是一件非常困难的事。

审判结束后，苏格拉底被关入监狱，离执行死刑还有一个月的时间。

他还有机会活下来，因为按照雅典法律的规定，这一个月内是允许探监的，监管并不十分严格，而包括看守在内的不少人都很敬佩和同情苏格拉底。他是完全有机会逃走的，他的学生们也都挺身而出，愿意帮他逃走。

但苏格拉底拒绝了，他说自己既不会认罪，也不会逃走，他并非不珍惜自己的生命，而是更珍惜自己的灵魂，更尊重雅典的法律——既然法律这么判了，就应该服从。

行刑的那一天到了，守卫带来了一杯毒酒。

一旁的学生和朋友都劝苏格拉底晚点再喝，至少可以再享受一顿丰盛的晚餐，但苏格拉底拒绝道：

“为吝惜生命而获得一顿美餐的行为，在我看来应当受到鄙视，去拿酒来吧。请尊重我的要求。”

毒酒被端了上来，苏格拉底接了过来，说：“分别的时候到了，我将死去，他们会活下来，是谁的选择好，只有天知道。”

随后，他一饮而尽。

不久之后，苏格拉底平静地死去。

5

苏格拉底的死，成了西方哲学的一道分水岭。

在苏格拉底之前的哲学，被称为“前苏格拉底哲学”。在欧洲文化史上，苏格拉底一直被看作为追求真理而死的圣人，他的地位之高，几乎相当于中国的孔子。

而苏格拉底的故事，我们单凭这一章肯定是说不完的，但至少让我们初步了解了苏格拉底这个人，以及他的“精神助产术”，这告诉我们一个道理：

常常提醒自己还有很多不知道的东西，一直保持有价值的思考，这是一个人对自己、对社会的必要责任。

希望我们能记得这句话，经常提醒自己，不要以为自己什么都知道了。

和大家共勉。

下一章，我们将说到苏格拉底最有名的一位学生，在某些方面，他甚至比苏格拉底对后世的影响还大。

人物卡：苏格拉底

古希腊哲学家，被认为是西方哲学的奠基者。他没有留下著作，只能从柏拉图等人的记载中探索其哲学思想。苏格拉底死于雅典的一场“民主审判”。

知识卡1：古希腊三贤

指的是苏格拉底、柏拉图和亚里士多德。他们是古希腊历史上最著名的三个哲学家，代表了整个古希腊哲学的巅峰时期，也起到了承上启下的作用。

知识卡2：精神助产术

它的本质就是一种“启发式教育”。通过比喻、启发等手段，用发问与回答的形式，使问题的讨论从具体事例出发，逐步深入，层层驳倒错误意见，最后走向某种确定的知识。

第十一章

柏拉图——培养“哲学王”

这一章，我们就要来讲一下苏格拉底最有名的学生——柏拉图。

西方有位著名的哲学家和数学家叫怀特海，他曾说过一句有名的话：**“西方两千年来的哲学，都只是柏拉图的注脚。”**

“注脚”，就是指用来解释和说明的文字。怀特海的意思是说，在柏拉图之后的哲学家，只不过是在不断努力解释柏拉图的哲学而已，可见柏拉图的影响之大。

不管怀特海的这句话有没有夸张，但柏拉图确实是整个西方文化中最伟大的哲学家和思想家之一，对整个西方的思想史影响非常大。

但是，他一开始并不想学哲学。

1

柏拉图很幸运，出生在一个贵族家庭。

他的父亲是古代雅典君主的后代，妈妈也出身名门贵族。虽然生父在他还很小的时候就过世了，但继父让他接受了很好的教育。

柏拉图擅长文学创作，而且多才多艺，放到现在，我们都可以称他为“宝藏男孩”了。

柏拉图生活的年代刚好是古希腊戏剧的鼎盛时期，所以他经常去剧院，久而久之，自己也开始尝试创作了一些诗歌。柏拉图是个“文武双全”的人，他不仅是个文艺青年，还是个运动健将，有一点就足以证明：

“柏拉图”其实并不是他的真名，他原来叫阿里斯托克勒，“柏拉图”这个名字是他的体育老师给他起的外号，这个词在希腊语中是“宽广”的意思。据说柏拉图有着宽宽的肩膀。

你能想象吗？柏拉图其实是一个“肌肉男”，擅长各种运动，还是个摔跤比赛的好手。

柏拉图的人生轨迹，在他21岁那年发生了一个重要转折。

那一年，他听了一个人的演讲，然后就彻底折服于这个人的魅力了。这个人就是苏格拉底。

听完演讲后，柏拉图回到家里，烧掉了自己创作的所有诗歌，断了自己做文学家的念头，决定从此开始学习哲学，要成为一名哲学家。从那以后，他就成了苏格拉底的学生。

苏格拉底被判处死刑并喝下毒酒的那一年，柏拉图29岁。他目睹了整个过程，这对他打击非常大，从某种程度上说，他是震惊于那些判决苏格拉底死刑的人的愚蠢。

柏拉图曾说过，在这个时代我们知道的所有人中间，苏格拉底是最勇敢、最聪明、最正直的。

柏拉图感到雅典的政治出了问题，对这里感到很失望，但他又不知道什么样的政治才是好的。于是他离开雅典，到各地游历了十几年。然而，他发现别的地方的政治并不比雅典好，其他地方的法律也是一团糟，他不但没有找到自己想要的答案，还因为得罪了西西里的执政者而差点丢了性命。于是柏拉图就得出了这样的一个结论：

只有让哲学家来统治城邦，或者让掌权者成为哲学家，国家才有出路。

柏拉图认为，一个国家的国王，应该是**哲学王**。

2

那么，怎样才能培养出“哲学王”呢？

柏拉图的老师苏格拉底把广场作为自己教学的场所，而柏拉图决定更进一步——他打算建一所真正的大学！

在朋友的帮助下，柏拉图买了一块土地，创建了一所综合性的学校。因为这座校园建在古希腊神话中的英雄阿卡德米神庙旁，所以他就把这座学校称为“阿卡德米学园”。

西方第一所综合性大学，就这样成立了。

阿卡德米学园里的设施非常完备，有教室、报告厅、健身房，还有一个祭拜缪斯的神社——缪斯是希腊神话里掌管艺术的九个女神。希腊的优秀青年们都被这个学园吸引了，他们从四面八方来到这里学习，往往一住就是好几年，甚至有人在这里待了一辈子。

这所由柏拉图创办的学校一直存在了九百多年。九百多年相当于什么概念？大概相当于北宋末年一直到现在的时间跨度。由于阿卡德米学园在西方的影响实在太大，所以“阿卡德米”（academy）这个单词在英语中就成了“学术机构”的意思。

柏拉图创建阿卡德米学园的主要目的，就是想培养一批既懂得自然科学和哲学又能治理国家的人才，也就是想培养他所说的“哲学王”。

为了解释清楚自己要培养“哲学王”的意义，柏拉图做了一个著名的比喻。

3

柏拉图把这个称为“洞穴比喻”：

如果把世界比作一个洞穴，人类就像是一群被关在这个洞穴里的囚犯。

你可以想象一下，有一群人被关在一个黑咕隆咚的山洞里，太阳光照不到里面。山洞里有一条小路可以通向外面，可是里面的囚犯都不知道小路的存在。这些囚犯从来没有出过山洞，他们的身体被铁链锁住了，一动也不能动，所以只能面对着洞穴的墙壁。在他们背后有一堵矮墙，墙的后面有一个火堆，有另外一些人手上举着各种物体在矮墙和火堆之间走来走去，物体的影子投射在囚犯面前的墙壁上。那些囚犯每天只能看到这些影子，他们以为这些影子就是真实的世界。

突然有一天，一个囚犯挣脱铁链子，他回过头来，看到了矮墙和火堆。他非常吃惊，不一会儿他想明白了：原来他们一直以为的世界只是物体在火光前的影子！

于是，这个人偷偷地逃出了洞穴，他看到了太阳，看到了真实世界里的各种事物。他这才明白，自己过去一直被束缚在洞穴中，所以被影子迷惑了。他打算让洞穴里的伙伴也明白真相，于是冒着危险回到了洞中，跟他的同伴说：

“这里只能看到虚幻的影子！跟我出去吧，我带你们看看太阳和真实的世界！”

可是，其他囚犯并不相信他，他们认为他只是一个讨人嫌的疯子，甚至有人叫嚷着要打死他——因为这个家伙胆敢说他们的世界是虚假的！

看完这个比喻，有一个问题：

在这个比喻里，逃出洞穴又返回想告诉同伴真相的人，你觉得是谁？

可以想想，讲这个比喻的人是谁？他最敬佩的是谁？

没错，柏拉图这个比喻里说的这个人，正是他的老师苏格拉底！

既然确定那个逃跑又回来劝说同伴的人是苏格拉底，那么这个比喻就很容易理解了：

世界上的大多数人并没有意识到自己的无知，这时候需要一个看穿真相又能把真相告诉大家的人出现。哲学家发现了世界的真相，但哲学家的任务不仅是探求真理，他还应该参与国家的管理，改变更多人的生活和眼界——就像逃出洞穴的那个人。他其实完全可以在五彩斑斓的大地上拥抱真实的世界，不用再回到阴暗的洞穴里面对着那些虚幻的影子了，但他最终决定回去解救同伴，带领他们走出愚昧而不自知的状态。

哪怕他不被理解，被同伴唾骂、羞辱，乃至失去生命。

柏拉图目睹了老师苏格拉底被雅典法庭判处死刑的经过，这对他思考哲人与民众的分歧有了更加深刻的体会。柏拉图说：

“哲学家必须成为国王或国王必须成为哲学家，世界才会有和平。”

所以他开办学园，要培养思想上健全的人，并鼓励学生们离开学校后参与到社会管理事务中去。

事实上，柏拉图所说的“哲学王”，跟中国传统文化中所说的**“内圣外王”**颇有点相似之处。

中国古人心目中理想的知识分子不仅要向“圣人”的境界靠拢，还必须承担起一定的社会责任，推行“王道”。不过，中国古代哲人的立足点是“内圣”，意思是提升自己的道德修养；而在柏拉图看来，哲学家的首要使命是探求世界的真理。

那么，和之前的那些哲学家一样，柏拉图本人对世界的看法是怎样的呢？

4

让我们再回到“洞穴比喻”。

刚才我们说，比喻里的这些囚犯是无知的，他们整天只看到影子，于是就把影子当成真实的世界，但实际上映出这些影子的物体才是真实的。

你是怎样理解柏拉图说的这段的？其实，柏拉图想借此告诉人们：我们眼前的这个世界是不真实的，我们必须寻找它背后的“理念”世界。我们看到的树木、苹果，我们谈论的正义、善良，这些东西背后都有对应的“理念”——就像洞穴里那些真实的物体，“理念”才是真实的。

“影子”有时候会消失，有时候会变形，但形成影子的那个东西并没有变化。也就是说，具体事物会变化，但“理念”是永恒的。

举个例子：你吃掉一个苹果，这个具体的苹果消失了，但是“苹果”的理念是永恒不变的。又比方说，这个世界上可能会有人误解正义，甚至会去做不正义的事，但“正义”的理念并不会因此有所变化。

柏拉图认为，我们所看到的这个世界是对各种“理念”的模仿，万物都努力去实现自己对应的那个“理念”。

一棵小树苗为什么会长成树而不是别的东西？因为有“树”的理念。为什么不同地方的人都知道正义？因为有“正义”的理念。我们生活中的这些具体事物只是对理念的模仿，它们是不完美的。而理念是完美的：工匠能造出桌子来，是因为他们头脑中有“桌子”的理念，但现实中的桌子多少都是有点不完美的。

还记得我们在毕达哥拉斯那一章里举过的一个例子吗？你能想象一个完美的圆，却无法在现实生活中画出一个完美的圆——用柏拉图的话来讲，就是“你头脑中有一个关于‘圆’的理念，而生活中所有的圆都是对这个理念的模仿”！

可能有人要问一个问题：

既然生活中没有一个完美的圆，那么我们的头脑中为什么会有完美的圆的“理念”呢？

5

这是个很好的问题。

假如一个人在生活中见过很多圆，比如圆的盘子、圆的车轮、圆的糕点……这些圆都不是完美的圆，那这个人不可能通过观察生活而形成圆的“理念”。既然理念不是在生活经验中得到的，那会从哪里得到呢？

柏拉图给出了自己的解释：理念是人在出生之前就知道的！

柏拉图认为，人在出生前曾经看到过理念世界——这有一点“前世”的概念——但人在降生之后把理念世界的见闻忘得差不多了。所以，人在世上学习知识的过程，实际上是对理念的“回忆”过程。

按照柏拉图的观点，事物的背后都有它的理念，理念是永恒的、完美的，理念是人先天具有的东西。

他的这个观点，被后人总结为“客观唯心主义”。“客观唯心主义”产生了巨大的影响力，影响了后世的很多哲学家。

柏拉图是古希腊最伟大的哲学家和思想家之一，他的观点和理念还有很多，涉及政治、经济、教育、体育、爱情等各个方面。如果我们把这些都写出来讨论，恐怕用十章都未必能说得完他的思想。

所以，在这一章，我们只是先初步介绍一下他的主要思想和生平，如果大家感兴趣的话，可以通过相关资料的搜索，进一步了解他。

柏拉图曾说过一句话：

“哲学起源于好奇。”

如果这个章节乃至这本书引起了你对古希腊哲学家和他们一些观点的好奇，还能再进一步去查阅更多的资料和书籍，那对创作这本书的我们来说，就是最欣慰的事了。

人物卡：柏拉图

柏拉图堪称整个西方文化中最伟大的哲学家和思想家之一，对整个西方的思想史影响非常大。他“文武双全”，后来受了苏格拉底的影响决定成为一名哲学家。

知识卡1：阿卡德米学园

柏拉图创办的西方第一所综合性学校，延续了九百多年，后世的“academy”（学术机构）就是据此而来。柏拉图希望通过阿卡德米学园来培养他心目中既懂得自然科学和哲学，又能治理国家的“哲学王”。

知识卡2：洞穴比喻

柏拉图想借这个“洞穴比喻”告诉人们，我们眼前的这个世界是不真实的，我们必须寻找它背后的“理念”世界。世界上的大多数人并没有意识到自己的无知，这时候需要一个看穿真相、又能把真相告诉大家的人出现。

知识卡3：客观唯心主义

事物的背后都有它的理念，理念是永恒的、完美的，理念是人先天具有的东西。

这个观点被总结为“客观唯心主义”，影响了后世很多西方哲学家。

第十二章

亚里士多德——老师总是对的吗?

大名鼎鼎的“古希腊三贤”，我们已经介绍了两位。在这一章，我们将隆重推出“三贤”的最后一位——亚里士多德。

“古希腊三贤”之间的关系其实是件挺有意思的事儿：柏拉图是苏格拉底的学生，而亚里士多德是柏拉图的学生。中国人有句话，叫“师道传承”，想表达的也是如此吧。孔子曾向老子求教过，而孟子又继承和发扬了孔子的思想。

苏格拉底、柏拉图和亚里士多德这三个名字，在西方思想史上赫赫有名。其中，亚里士多德更被看成古希腊学术的集大成者，也是西方科学的奠基人。

但是，更有意思的一件事儿是：

我们在学生时代知道“亚里士多德”这个名字，更多是因为“负面新闻”——他的理论似乎总是被后来的科学家推翻，对不对?

1

先来举两个例子吧。

第一个例子学过中学物理的同学比较了解。亚里士多德认为，重的物体下落的速度更快，如果一个物体的重量是另一个的两倍，那么它的下落速度也是另一个的两倍。

而后来的著名科学家伽利略说："不对！"然后他通过著名的"比萨斜塔实验"证明这个说法是错误的——伽利略在斜塔上同时放开一轻一重两个铁球，结果它们同时落地了。我们之所以会发现一些轻的物体（比如羽毛）下落得比较慢，那是因为它们受到的空气阻力比较大。

当然，现在也有说法说伽利略可能没有做过这个实验，但亚里士多德的这个理论是错误的，这是没有争议的。

第二个例子是亚里士多德说，任何运动着的事物都必然有推动者。而后来的著名科学大神牛顿说：不对！他归纳总结的"力学第一定律"告诉我们，力不是物体运动的原因，而是物体运动状态改变的原因。那么为什么在现实生活中一个运动着的小球会渐渐停下来呢？我们现在知道，因为小球受到了地面的摩擦力，所以改变了运动状态。

这个亚里士多德在我们的物理书中的形象似乎不太好啊，有点像是“大反派”。

那么问题又来了：为什么我们还要了解他的学说，甚至把他看作西方科学的奠基人呢？

那我先问你们一个问题：

“世界纪录”存在的意义是什么？

你可以说，是为了记录创造这个纪录的人有多伟大，希望大家能记住这个纪录。

这么说当然没错。但如果换个角度说，你觉得能接受吗？比如——世界纪录存在的意义，就是被打破。

如果你能理解这层含义，那么你就更能领会“权威”存在的意义是什么了。

没错，**“权威”存在的意义，就是被推翻**。

这话好像听起来有点玄乎？但事实就是这样。亚里士多德曾经反对自己老师柏拉图的权威，后来他自己又成为权威，经过时间的推移，最终他的很多观点和结论又被后人否定。

但你千万别小看这一点，人类对世界和自身的认识就是在这样的过程中不断更新和进步的。

虽然亚里士多德的不少观点已经过时或被推翻，但他当时在很多领域都提出了系统性的学说，他奠定的基础学科包括物理学、生物学、天文学、心理学、逻辑学、政治学等。从这个角度上说，亚里士多德堪称他所处的那个时代“活的百科全书”。

而这也正是我们现在依旧会记得他，并且要了解他的意义。

2

亚里士多德对学问的兴趣，还得从他的家庭说起。

亚里士多德出生在古希腊色雷斯地区一个叫作斯塔吉拉的

小地方。这个地方离雅典非常远，他的父亲是马其顿国王的御医，在当时也算是一位科学家。亚里士多德受到父亲的影响，对医学和生物学很感兴趣。到了17岁的时候，亚里士多德打算去雅典这座充满智慧的城市学习。

去雅典学什么呢？当时人们做重大决定的时候，都要问问神谕，听听上天的安排。占卜师曾跟亚里士多德说，他应该去雅典学哲学。既然要去学哲学，那就要跟随那个时代最伟大的哲学家学习。

他是谁呢？就是柏拉图。

于是，亚里士多德就来到了我们之前说过的阿卡德米学园，他这一待就是整整二十年。

柏拉图很喜欢这个学生，他甚至给了亚里士多德一个极为尊崇的称号："学园之灵"。但是随着学习的不断深入，亚里士多德渐渐不满足于柏拉图的学说了，他开始跟老师争论一些观点。柏拉图伤心地说：

"亚里士多德反对我，就像那些喝饱了奶的小马驹用蹄子踢自己的母亲一样。"

但亚里士多德说了一句非常有名的话，不知道你们听过没有——**吾爱吾师，吾更爱真理！**

这句话意思是说：我虽然很尊敬我的老师，但如果老师的看法不合乎真理，那么我一定会提出反对意见。

其实在中国，也有一句类似的话。没错，就是孔子所说的那句"当仁，不让于师"。意思就是"要把'仁'担当起来，即使面对老师，也无须谦让"。

这是因为，如果每个学生都只认同老师的观点，没有自己独立的思考，也不敢质疑权威，那人类的发展就会停滞不前了。

还记得我们在上一章说的柏拉图的一个重要观点吗？柏拉图认为那个具体的经验世界是不真实的，人们感知到的具体事物只是对“理念”的模仿。所以，柏拉图跟大家说，不要被眼前的事物迷惑了，要不然你就会像“洞穴比喻”里那些盯着物体影子出神的人一样被骗了。

但亚里士多德从小接触的是五彩缤纷的大自然，他在观察日月星辰、研究植物动物的过程中，感受到了无限的乐趣，所以他非常注重经验世界的意义。他认为，没有必要把可感知的事物和它的理念分开。比方说，“绿色”必须在绿树叶、绿羽毛这些具体的事物中体现出来，世界上并不存在完全独立于具体事物的“绿色”。

你们看，亚里士多德对于世界的看法从起点上就跟老师柏拉图不一样了。他就是一个从言语到行动都敢于挑战权威的人啊！

就像我们前面说到过的那样，亚里士多德敢于反对权威，他自己后来又成为多个领域的权威。后来的学者又推翻他的一些错误观点，从而推动了各个学科乃至人类文明的进步。

还要指出的一点是：不要以为推翻权威只是摆一个姿态，而是必须像亚里士多德那样，靠扎实的成就和端正的求学态度来证明自己。

那么，亚里士多德到底是怎么质疑自己的老师柏拉图的呢？

3

举个例子，如果我现在跟你说“鱼”这个词，你脑子里会出现怎样的形象呢？可能是池塘里的锦鲤，可能是菜市场里卖的鲫鱼，抑或其他的鱼。那么你能想象出完全独立于具体事物的“鱼”吗？它既不是这种鱼，也不是那种鱼，就只能是一个概念上的“鱼”。这是不是很难呢？

这就是亚里士多德的观点：**具体的事物跟它的理念是没法完全分开的。**

这样一来，亚里士多德对于人认识世界的看法就跟柏拉图完全相反了。柏拉图认为，人在出生前就看到过“理念世界”，人的学习过程其实是对理念世界的回忆。而亚里士多德认为，所谓的“理念”只不过是人们在现实生活中感知了具体事物后产生的“概念”。也就是说，人在看到很多不同的具体的鱼之后，才产生了抽象的“鱼”的概念。

这是两个截然相反的概念。

大家可别小看柏拉图和亚里士多德的这种分歧。在欧洲文艺复兴之后，以笛卡儿为代表的“唯理论派”和以培根为代表的“经验论派”对这个话题争论了一百多年！这些哲学家试图从不同的角度来回答：我们人类的知识，到底来自先天的观念，还是后天的经验世界？而“唯理论”和“经验论”的源头，正是柏拉图和亚里士多德。

亚里士多德与自己老师的争论一直持续到柏拉图逝世。在此之后不久，亚里士多德离开了阿卡德米学园，在马其顿国王的邀请下，去给年轻的王子当了八年老师。他的这位王子学生，就是后来大名鼎鼎的、统一了希腊、占领了埃及、征服了波斯的亚历山大大帝。

亚历山大继承了王位后，亚里士多德重返雅典，他在城东一个叫吕克昂的体育场开办了自己的学园，与城西北角的阿卡德米学园隔城相望。学园里有许多林荫路、廊柱和喷泉，亚里士多德喜欢一边散步一边跟学生们讨论问题。这种上课的方式是不是很潇洒很让人羡慕呢！后来人们把亚里士多德开创的这个学派叫作**逍遥学派**。

在当时，哲学还是一门包罗万象的学问，几乎囊括所有学科。亚里士多德上午可能会给学生讲解生物学或是物理学之类的技术性学科，下午可能会进行一场关于修辞学或者政治学的讲座。

而我们现在所说的“哲学”，也就是思考人生和世界的学问，也终于有了自己的名字。

亚里士多德的弟子们在整理他的著作时，将一些既不属于物理学，又不属于政治学，更不属于文学艺术的内容称为“metaphysic”。这个单词是由表示“在……之后”的“meta-”前缀，和表示“物理”的“physic”合起来构成的，意思是“物理学之后”，后来这个词被中国学者翻译成**“形而上学”**。我们前面提到亚里士多德关于知识起源的看法就属于形而上学。

亚里士多德的形而上学包括很多方面，其中有一个非常重要的话题：人生的意义是什么？人生最高的幸福是什么？

亚里士多德认为，每个有机体都有自己的潜能，就是朝着某个方向不断发展的可能性。比如说，一颗种子，就有发芽、开花、结果的可能性。**整个宇宙和宇宙中的事物都在朝着更美好的方向发展，亚里士多德把这叫作“善”**。对于这颗种子来说，最高的善就是去实现发芽、开花、结果的可能性。他曾用“一块大理石是一座潜在的雕像”来说明，大理石有被打磨成雕像的可能性，实现这个可能性就是善。

人亦是如此。一个人如果可以通过行动把自己美好的可能性实现出来，就是幸福。比如你自己动手种了一株花苗，经过辛勤培育，看到它开出了美丽的花朵，这是幸福；你每天练习弹钢琴，终于有一天从你指尖流淌出了美妙的音乐，这也是幸福。那么，什么是最高的幸福呢？亚里士多德认为，对于人来说，思辨的生活是最幸福的生活。

比如，如果你在看这本书的时候，明白了道理，学会了思考，按照亚里士多德的观点，你就能体会到他所说的最幸福的生活了。

亚里士多德的一生就是在不断追求人生的幸福。他为各种各样的学科着迷，他热爱思考，想发现关于人生和世界的真理。尽管受到时代的局限性，他的一些观点和理论在后来被证明是错误的，但依旧不影响他的伟大。他也无愧于后世给他的称号：和苏格拉底、柏拉图并称为“古希腊三贤”。

最后，送上亚里士多德说过的一句话：**“教育在人富有的时候是装饰品，在人贫困的时候是避难所。”**

让我们继续在哲学的海洋中遨游，了解更多有用的知识吧！

人物卡：亚里士多德

“古希腊三贤”之一，既挑战了权威，又成为被后世打破的权威。亚里士多德有那么多理论在现在的验证下是错误的，那为什么他的地位还是非常重要呢？因为我们看待历史人物，要考虑到他当时所处的时代。以亚里士多德所处的时代而言，他确实堪称一本“百科全书”了，而后世证明他一些观点是错误的这个过程，也是人类不断提高自我认知和发现科学道理的过程。

知识卡1：吾爱吾师，吾更爱真理

老师当然是要尊敬的，但如果老师有些道理讲得不对，也应该提出自己的想法，和他讨论。中国的孔子也说过类似的话，叫“当仁不让师”。

知识卡2：亚里士多德的学生

著名的亚历山大大帝就是亚里士多德的学生，他统一了希腊全境，征服了埃及，灭亡了波斯帝国，是西方古代一位著名的征服者。亚里士多德对亚历山大有多大的影响，后世一直有争论，不过可以肯定的是师生两人关系很好。亚历山大在东征的途中，还不断派人送动植物标本给老师亚里士多德研究。

知识卡3：形而上学

形而上学指对世界本质的研究，即研究一切存在者、一切现象（尤其指抽象概念）的原因及本原。最早由亚里士多德所构建，称其为“第一哲学”“第一科学”。英文为“metaphysic”，意思是“在物理学之后”，亚里士多德的弟子用这个名称来称呼亚里士多德作品中那些既不属于物理学，也不属于文学艺术，更不属于政治学的内容。

知识卡4：亚里士多德定义的“幸福”

亚里士多德认为，每个有机体都有自己的潜能，就是朝着某个方向不断发展的可能性。整个宇宙和宇宙中的事物都在朝着更美好的方向发展，亚里士多德把这叫作“善”。他认为，幸福在于一个人通过行动把自己美好的可能性实现出来，而思辨的生活就是最幸福的。

第十三章

第欧根尼——不要挡住我的阳光

上一章，我们聊完了“古希腊三贤”的最后一位哲学家亚里士多德。

我们曾提到，他有一位鼎鼎大名的学生，还记得他是谁吗？没错，他就是马其顿国王腓力二世的儿子亚历山大大帝。亚历山大大帝用十三年的时间里统一了希腊，征服了埃及，占领了波斯，甚至带领大军进入了印度。虽然亚历山大不是哲学家，但他的东征给古希腊哲学乃至古希腊文化带来了很大的影响——因为他的帝国横跨亚非欧三大洲，所以他把古希腊文化带到了东方。

然而，虽然古希腊文化得到了进一步的传播，但古希腊哲学则由鼎盛走向了衰微。

在这衰微的时代里，我们要介绍这一章的哲学家——第欧根尼。

1

先来说说，古希腊哲学为什么会走向衰微。

要回答这个问题，得先回忆一件事，你们还记得古希腊哲学的诞生跟什么有关吗?

没错，城邦！希腊城邦的民主氛围让人们可以自由地交流思想，一些贵族和商人又有足够的闲暇来探索未知的领域。

但是这一切在苏格拉底被判处死刑的时候已经悄悄发生了变化。到了苏格拉底的徒孙亚里士多德的时代，他的死其实也跟政治有关。亚历山大大帝死后，亚里士多德被那些反对马其顿的雅典人攻击，他不得不逃离雅典，不到一年，就在颠沛流离的生活中去世了——哲学家竟然成了“高危职业”。而另一方面，由于希腊各地不断发生战乱，原先的社会秩序也遭到破坏。

当柏拉图想培养“哲学王”来改变这个世界的时候，另一些人却开始变得悲观，他们觉得这个社会糟糕透了，他们不再乐观，不再相信这个世界会越变越好。

第欧根尼就是其中之一。

第欧根尼虽然跟柏拉图是同时代的人，而且比亚里士多德还年长一点，但是在他身上我们能看到城邦衰落对哲学的影响，所以把他放在亚里士多德之后来写。

第欧根尼是锡诺普人，这个地方是黑海的一个重要港口。他的父亲是当地一位响当当的银行家，但因为涂改货币的罪名被关进了监狱，第欧根尼也因此被赶出了家乡。家族的名声和财富就这么化为泡影，但是第欧根尼的苦难还远远没有结束。

在开往埃伊纳岛的航船上，他被海盗抓走卖到了克里特岛。一个原本衣食无忧的公子哥，现在成了没有人身自由的奴隶。命运跟他开了个大大的玩笑，但如果没有这样的遭遇，第欧根尼大概也不会形成他那独特的哲学思想。所以中国的孟子有这样一句话："天将降大任于斯人也，必先苦其心志，劳其筋骨，饿其体肤，空乏其身，行拂乱其所为。"想表达的意思是，一个人要成就一番事业，往往要遭受一些苦难，某些时候，遭受一些苦难甚至是成就大事的一个前提。

第欧根尼成为奴隶以后，就被送到了奴隶拍卖场拍卖。他看到人群中有一个衣冠楚楚的买家，立刻大声说道："快把我卖给那个男人，因为他需要一个主人！"于是这个买主把第欧根尼带回家，发现他很有管理能力，就让他做了管家。第欧根尼的朋友想用赎金把他赎回来，却被他拒绝了，他说："我亲爱的朋友，你要知道，一只狮子永远都不会是那些喂养它的人的奴隶。"

第欧根尼后来还是获得自由了，但他那颠沛流离的经历让他开始重新考虑自己想要怎样的生活。财富和地位能让人快乐吗？不，这些东西是不可靠的。他在仔细观察了一只老鼠之后，宣布自己终于找到了“向往的生活”。这个小家伙饿了就吃，困了就睡，它不需要太多的东西，它能够适应自己所在的任何环境。

第欧根尼认为，只要抛开了物质欲望，人就不会被它束缚，这样就彻底自由了！

2

于是，第欧根尼决定过一种放浪形骸的生活。

他到处流浪，有段时间甚至一直住在一个用来埋葬死人的那种大瓮里，他身边只带着一件斗篷和一个装食物的小包。

他的模样就像一个乞丐，但人们很快看出来他不是一个普通人。第欧根尼时常用自己的奇怪举动来表达自己对社会的批评。他有时候会在白天提着一盏灯到处走动，他说："我在寻找一个诚实的人。"其实他想表达的意思就是，现在的人们越来越伪善，诚实的人真是打着灯笼都找不到了。

第欧根尼有意逃避世俗生活的一切，无论是宗教风俗、衣食住行，还是社交礼仪，他全都不放在心上。他还经常表现出对权威的藐视。有一次，柏拉图在讲座中把"人"定义为"没有羽毛、长着两条腿的动物"。第欧根尼听说了之后，提着一只拔光羽毛的鸡来到演讲厅，他当着众人的面说："柏拉图，这就是你所说的'人'。"后来，柏拉图不得不重新思考这个问题，然后把"人"的定义改成了"没有羽毛、长着两条腿的直立动物"。

虽然第欧根尼总是让柏拉图难堪，但柏拉图倒好像很理解他。有人曾问柏拉图如何看待第欧根尼，柏拉图说："他是疯了的苏格拉底。"柏拉图这话算是说对了一半。

第欧根尼跟苏格拉底一样，生活极其简朴，并且敢于挑战世俗社会。而且，他们都毫不介意来自他人的嘲笑与攻击。第欧根尼曾说："蠢驴也会嘲笑那些人，就像他们不会介意蠢驴的嘲笑一样，我也不介意他们冲着我乱叫。"

但两个人也有不同的地方：苏格拉底终究对社会还抱有希望，他始终想追求真理；而第欧根尼对社会是绝望的，所以他选择了逃避。

那么问题来了，第欧根尼对社会不抱希望，且选择逃避，但后来大家为什么还是尊敬他呢？他为什么还能在古希腊哲学史上占据一席之地呢？

3

我们来说一个第欧根尼最有名的故事，那是他和亚历山大的一段对话——没错，就是亚里士多德的那个著名学生：亚历山大大帝。

那个时候第欧根尼因为特立独行的举动已经声名鹊起。亚历山大对这个人很感兴趣，于是他来到科林斯的时候，特地拜访了第欧根尼。当时第欧根尼正在晒太阳，亚历山大看到第欧根尼就走上前客气地说道："您好，我是亚历山大。"

第欧根尼并没有起身，他回答道："我是第欧根尼。"

亚历山大问道："我能为您做些什么吗？"

第欧根尼回答说："有的，请你不要挡住我的阳光。"

在第欧根尼眼里，像亚历山大那样的权威也不足以令他害怕或者羡慕。他所热爱的"阳光"具有丰富的隐喻意味。我们可以结合他的生平和言行来理解这句话的意思。在他看来，人应该以一种最天然的方式来生活，财富、地位、名誉这些社会附加值对他来说都没有意义。他关心自己心灵的自由和快乐。在那个时代，是拥有一切的亚历山大自由，还是不需要一切的第欧根尼自由呢？这未必是一个很容易回答的问题，因为就连亚历山大也感叹过："假如我不是亚历山大，我一定要做第欧根尼。"

第欧根尼后来被认为是一个著名流派的代表人物，这个流派叫**“犬儒主义”**。

“犬儒”的创始人叫安提斯泰尼，他一直在一座叫“快犬”的体育场里讲学，所以“犬儒”也因此得名。第欧根尼是安提斯泰尼的学生，但他后来的名气远大于老师，所以也就成了“犬儒主义”的代表人物。

“犬儒”这个名称其实挺形象的——在衣冠楚楚的人面前，“犬儒”们过着像狗一样的生活。但是他们认为只有抛弃物质享受和感官快乐才能找到真正的自由和快乐，或者说，能找到真正的“善”。大家想想第欧根尼以往的遭遇就能理解了：被当成奴隶随意拍卖，还是像狗一样生活？哪个更没有尊严呢？

其实在中国古代，每当社会动荡混乱的时候，也会出现奉行“犬儒”的人。他们看不惯人们的虚伪，认为金钱会让人堕落，于是有的人跑到山林里去过一种简朴的生活，有的装疯卖傻、故意做一些奇怪的举动来表达不满……他们跟“犬儒”的共同特点是逃避人群而不是改变社会。

如果你了解中国的历史，应该能说出几个这样的人物吧？比如魏晋时期的“竹林七贤”，像嵇康、阮籍这些人，他们想用放荡不羁的生活方式来表达对高压政治的控诉，体现强烈的自我意识和独立人格。不同的是，嵇康、阮籍这些人，都有一定的社会地位，也没有像第欧根尼那样，过一种像流浪汉一样的生活。他们内心的痛苦和第欧根尼还不完全一样。

所以我们应该可以看出第欧根尼的独特之处了，他是一个一辈子都在践行自己哲学思想的人。第欧根尼年老之后，有人对他说：“你已经老了，需要休息一下。”他回答说：“你说什么？如果我在运动场上赛跑，你会在我快到终点时叫我慢下来吗？”

尽管第欧根尼的有些想法不被社会接受，但他毕竟是言行一致的，所以希腊人都很尊敬他。他活到90岁，在科林斯岛上去世了。人们给第欧根尼塑了一座铜像，上面写着：“时间甚至会使青铜老去，但你的荣耀，第欧根尼，永远无法摧毁。”

也许大多数人不会像第欧根尼那样生活，可能也不一定认同他的学说，但这并不妨碍人们认为他是一个值得尊敬的人。中国的孔子也说过，评价一个人不仅要“听其言”，还要“观其行”。一个人只是想表达一种姿态，还是确实树立了一种真诚的价值观，要通过观察他的长期行为来判断。

第欧根尼代表了“犬儒主义”的全面确立，在那时候，犬儒主义者鄙弃世俗的富贵与规范，因而被人们看作是一群“愤世嫉俗者”。但是，后来“犬儒主义者”的名号被滥用了。

4

后来的一些犬儒主义者，曲解了（或许是故意的）先辈们的意思。

他们认为，既然没有什么是高尚的，也就没有什么是卑贱的，他们对什么都满不在乎，以至于把对自由、美德的追求也抛弃了。

晚期犬儒派里就有个叫德勒斯的人，他觉得没有任何东西是重要的，即便自己妻子或儿子死了都没关系。德勒斯还曾经若无其事地收了一位富翁给他的一大笔钱。在他看来，金钱是不重要的东西，所以收了别人的钱完全不需要表示感谢，如果感谢，倒显得把金钱看得太重要了。

这句话听上去似乎有点道理，其实并不是这样。

金钱是很重要的东西，并非不重要，只是像第欧根尼这样的早期犬儒人物，他们认为有比金钱更重要的东西值得去追求，他们认真严肃地去追求真善美，不屑的只是那些虚伪和伪善。但德勒斯这类人并非如此，他们认为所有的一切都是虚假的，道德和原则是不存在的。如果这样，他收取金钱的这种理由就更像是一个借口了。中国人有句话叫“无功不受禄”，德勒斯是典型的“无功受禄”，换正常人心里是会不安的。退一步说，你收了就收了，但一定要说这样的话来显示自己其实是高尚的，那就近乎狡辩了。

所以，犬儒主义到了晚期，已经有了“玩世不恭”的味道。即便到了我们现在这个时代，也有一些人自称“犬儒”，但他们实际上只是喜欢对社会上的各种现象冷嘲热讽。一旦面对大是大非或牵涉自己利益的问题，他们就举起“犬儒”的招牌来置身事外，完全抛弃了原则和基本的道德。

比如，当他们看到有人欺负弱小，他就会说：“强大的和弱小的都不是好人，可怜之人必有可恨之处，所以我一个也不帮。”可一旦有人欺负到他身上，他又会愤愤不平、鸣冤叫屈，埋怨别人为什么不来帮助他了。

第欧根尼如果知道“犬儒主义”已经变成了这副模样，大概会气得用拔光毛的鸡来砸他们的头吧！

人物卡：第欧根尼

第欧根尼出生在一个富有家庭，但遭遇变故后颠沛流离，甚至被卖作奴隶，这也促使他变得愤世嫉俗，不屑于追求世俗的事物。但第欧根尼的态度认真，他言行一致，用毕生的精力去探索真善美，这也让他成了“犬儒主义”的代表人物。

知识卡1：古希腊哲学的大致三个阶段

一般来说，我们把苏格拉底、柏拉图和亚里士多德这“古希腊三贤”的时期称为“古希腊哲学的鼎盛时期”。在他们之前，称为“古希腊哲学的早期”；他们之后被称为“古希腊哲学的晚期”。

知识卡2：犬儒主义

“犬儒主义”因在名为“快犬”体育场里的讲学而得名。犬儒主义主张以追求普遍的善为人生的目的，为此必须抛弃一切物质享受和感官快乐。早期的犬儒主义者虽然愤世嫉俗，但他们追寻善的态度是认真严肃的，但到了晚期，信奉者们已经失去了追寻善的那种态度，变得玩世不恭。而至于现代的有些人，更是只把“犬儒”当作借口了。

第十四章

伊壁鸠鲁——什么是真正的快乐？

一转眼，已经到第十四章了。

不知道之前哪位哲学家，以及他们的哪些观点，给你留下了深刻印象？

其实如果按照历史阶段分的话，我们的哲学家的故事，已经进入“希腊化时期”了。

什么是“希腊化时期”？

我们之前提到过，亚历山大大帝的马其顿王国崛起之后，古希腊原有的城邦政治和社会秩序都受到了冲击，连续不断的战争打破了人们平静的生活，道德败坏的情况也让很多人感到悲观；另一方面，古希腊文化与其他文化之间的交流也变多了，与柏拉图、亚里士多德同时代的第欧根尼是哲学转折时期的代表人物，他以愤世嫉俗的形象出现在世人面前。

这也就意味着，很多哲学家不再关心宇宙和世界的规律，也不再追问国家的前途，而是想搞清楚关于心灵的问题——一个人在动荡、混乱的社会中，怎样才能找到真正的幸福呢？

这个时候，就出现了两个影响很大的学派，一个叫**伊壁鸠鲁学派**，一个叫**斯多葛学派**，两派人的观点针锋相对，各自都有不少支持者。

这一章，我们就先来说说伊壁鸠鲁学派的创始人，伊壁鸠鲁。

1

先来说说“幸福指数”这个词。

也许你在媒体上经常会看到“幸福指数”这个词：人们会

列出许多影响幸福感的因素，比如受教育程度、收入高低、生活便捷程度和人际关系情况等。

那么幸福是可以像数学公式那样被计算出来的吗？人怎样才算是幸福的呢？

早在两千多年前，我们的伊壁鸠鲁先生就在思考这个问题了。

他认为：**“快乐是幸福生活的本源和目的。”**

你可别以为这句话很容易理解，实际上这个观点使伊壁鸠鲁被人误解了好多年，甚至遭受了人身攻击。

伊壁鸠鲁出生在希腊的海外殖民地萨摩斯岛，他的父母都是雅典人，父亲是教师，母亲是一名巫师，一家人过着普通人的生活。伊壁鸠鲁在18岁时回到雅典，后来又因为雅典人被马其顿人赶出萨摩斯岛而随家人一起去了小亚细亚地区。30多岁的时候，他又回到雅典，购买了一个花园，建立了自己的学校。伊壁鸠鲁的学说吸引了很多人，他的追随者中有很多是社会底层人士，甚至还有奴隶和妓女，伊壁鸠鲁跟这些人都保持着良好的友谊。

他的反对者就抓住这点大做文章。他们宣称伊壁鸠鲁过着花天酒地的生活，并跟风月场所的女性来往密切。西塞罗认为，伊壁鸠鲁的学说就是倡导纵欲，而另一位哲学家塞涅卡则在他的著作中说伊壁鸠鲁派的人追求的是一种“类似麻木状态的宁静”，还说他们“在花园里什么事都不做，只是吃喝”。后来的法国哲学家孟德斯鸠在《罗马衰落原因论》这本书里写道，伊壁鸠鲁的哲学毒害了古希腊和古罗马这两个伟大的文明——这个罪名可不小啊，以至于很多人以为伊壁鸠鲁的学说就是只关心吃喝拉撒睡的“猪猡哲学”。

事实上，伊壁鸠鲁的团体过着非常简朴的生活。他们的饮食主要是水和面包，伊壁鸠鲁对此感到很满意。据说伊壁鸠鲁偶尔才能喝得上一点葡萄酒，在生活比较贫困的时候，他甚至只能靠吃豆角来填饱肚子。一来他确实没有什么钱，二来他也不是很关注生活上的享受。在他的弟子们眼中，伊壁鸠鲁是个知足常乐的人。

后来，还是德国哲学家黑格尔说了几句公道话：“如果一个人只是一个没有思想的、放荡的人，只是毫无理智地沉溺在享乐之中、过着放纵的生活，绝不可以说他是一个伊壁鸠鲁的信徒。”

也就是说，那些批评伊壁鸠鲁的人对他的学说断章取义了。

那么，伊壁鸠鲁真正的观点到底是什么呢？

2

伊壁鸠鲁追寻快乐，但他很讲究快乐的来源。

伊壁鸠鲁虽然并不像第欧根尼那样排斥感官的快乐，但他强调快乐不只局限于肉体感受到的快乐——**真正的快乐是精神方面的细腻感受，这来自内心的平静与安宁**。

伊壁鸠鲁认为，精神上的喜悦能给人带来更加持久的快乐。人不能不吃饭，但是吃一顿美食的快乐毕竟是短暂的，而看一本好书、听一场美妙的音乐会、跟朋友交谈或是研究哲学，这些事情能带给人们精神上的长久快乐。在看到这段话的时候，不知道你们是否想到一些类似的体验？什么事能令你感到精神愉悦以至于忘记了时间的流逝，并且暂时忘记了烦恼呢？

但是内心的烦恼仍旧会回来，这样还不能算是获得真正的幸福。伊壁鸠鲁说：**“快乐是指身体无痛苦和灵魂的无纷扰。”**我们的身心都应该处在一种平衡的状态，避免剧烈的波动对人的影响。身体上的平衡要靠有规律的生活来获得，精神上的平衡要靠理智来获得。伊壁鸠鲁认为，要让身体没有痛苦是件很难的事情，但我们可以控制自己的精神，赶走心灵的困扰。

这句话说起来非常简单，但做起来其实是非常难的。

中国有个文人叫苏轼，他说过一句话：“人有悲欢离合，月有阴晴圆缺，此事古难全。”

但是，“人有悲欢离合”可能还有些主观因素，但“月有阴晴圆缺”这种事情，其实是纯粹的客观自然现象，是不能避免的。伊壁鸠鲁想做的，是想把后者从人类的恐惧中驱逐出去。

比如古希腊人认为，自然灾害是神灵降下的，于是，人们惶惶不可终日，生怕不小心惹怒了天神。伊壁鸠鲁是怎么劝说人们摒弃这种不必要的恐惧呢？他说，人们不了解自然的本质，所以才会相信诗人编造的神话故事。伊壁鸠鲁宣称：**天神确实存在，但他们与世间的种种福祸无关**。

伊壁鸠鲁推导了一个逻辑关系，来验证这个问题：

如果神不知道世界上有坏人，那他就不是全知的；如果神知道世界上有坏人，但又无法除掉坏人，那他就不是全能的；如果神知道世界上有坏人，但又不愿意除掉坏人，那他就不是全善的。但全知、全能、全善的才能称得上是“神”。这足以证明神根本不想掺和人类的事情，那些天灾、厄运也不是神灵降下的。既然如此，那又有什么好害怕的呢？

又比如，大多数凡人都害怕死亡。而伊壁鸠鲁说，人们恐惧死亡是因为对死亡的无知，不知道死后的世界是怎样的。他认为，人是通过感觉来认识这个世界的——人活着的时候，死亡不存在，所以感觉不到死亡；人死了之后，已经没有感觉了，所以自然也感觉不到死亡。因此，他得出了这样一个结论：

人无论如何都感受不到死亡，那也就不必因此恐惧了。

你看，伊壁鸠鲁其实是通过一些逻辑推断，很巧妙地把那些令人伤脑筋的问题都化解了。

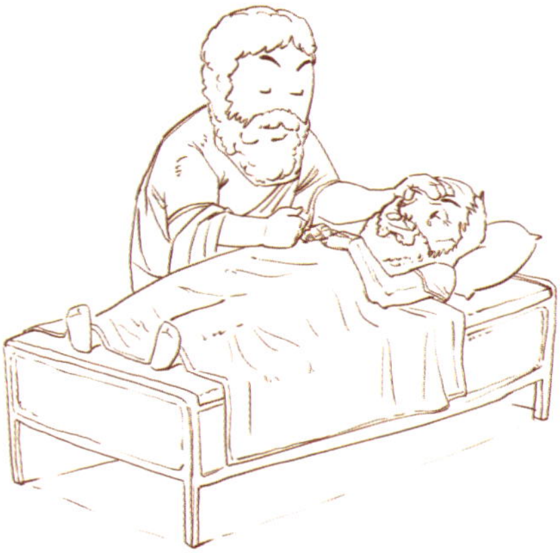

有人把伊壁鸠鲁的快乐主义学说概括为：**“神不足惧，死不足忧，祸苦易忍，福乐易求。”**

意思是说，神灵和死亡都没什么好害怕的，如果一个人不再感到痛苦，那么他就获得了最大的幸福。伊壁鸠鲁是这样想，也是这样做的。他在遗书里这样描述自己人生的最后时光：“尿频和胃病的疼痛发展到了无以复加的程度。但通过回忆我们进行过的热烈的哲学讨论，我战胜了所有的痛苦。我的灵魂感到喜悦。”

伊壁鸠鲁说过一句很有诗意的话：**“自由，是自我满足带来的最美丽的果实。”**

这句话怎么理解呢？或许可以理解为：当人寻找到了心灵的快乐，他就获得了精神上的自由，这样一来，任何具体的困难或痛苦就不能干扰到他的幸福感了。

现在你能明白，为什么在那样一个混乱年代伊壁鸠鲁会有许多追随者了吗？

3

那么，我们作为当代人该如何理解伊壁鸠鲁的学说呢？

我想讲一个或许你曾经听过的故事：

有一位游客在海边度假，遇到一个正在海滩上晒太阳的渔夫。游客很疑惑地问："天色还这么早，你怎么不去捕鱼呢？"渔夫回答道："我今天已经捕过鱼了，那些已经足够我生活了。"游客说："你可以捕更多的鱼，然后攒一笔钱买一艘渔船，这样你会赚到更多的钱，接下来你可以开个捕捞公司，甚至投资水产加工厂……不久你就能成为富翁啦！"渔夫淡淡地问道："成为富翁之后呢？"游客说："这样你就可以像我一样到海边度假，悠闲地晒着太阳享受生活了！"渔夫哈哈大笑起来："我现在不正在海边晒着太阳享受生活吗？"

这个故事的本意是要大家想一想人生的根本目的是什么，不要把实现目的的手段当成了目的本身。故事中的渔夫可以说是一个伊壁鸠鲁的信徒。对于渔夫而言，精神世界的宁静和闲适是第一位的，收获了内心世界的快乐就收获了真正的幸福。

但是，任何事情我们都要辩证地看待，看到它的正反两面。

渔夫当然有权利选择自己想要的生活，但大家有没有想过，如果人人都像渔夫这样淡然，那么社会也就不会进步了。伊壁鸠鲁的信徒虽然并不反对社会，但他们也无意融入社会。伊壁鸠鲁和第欧根尼一样，赞赏隐居的生活，因为这样可以摆脱对周围环境的依赖，让人不受财富、荣誉、权力、地位的影响，从而获得精神上的自由。

马克思早年对伊壁鸠鲁的哲学很感兴趣，他称赞伊壁鸠鲁是“古希腊伟大的启蒙思想家”，但他并不满足于伊壁鸠鲁所说的那种幸福。马克思在《青年在选择职业时的考虑》这篇文章中写道：“如果我们选择了最能为人类福利而劳动的职业，那么，重担就不能把我们压倒……我们的幸福将属于千百万人，我们的事业将默默地、永恒地存在并发挥作用……”

在马克思看来，个人幸福不仅是应该追求自己心灵的自由，而且应该与人类幸福息息相关，人们应该到社会的汪洋大海中去寻求自己的价值，这种幸福感是更加恒久的。

用一句流行的话来讲就是：“当你享受岁月静好的同时，不要忘记有人在负重前行。”

所以，我们对伊壁鸠鲁的学说，需要真正理解，也需要正确理解。

我们需要更积极地面对学习，面对生活，面对今后的人生之路，但同时，有时也别忘记停下匆忙的脚步，想一想自己有没有找到内心的快乐和幸福。

人物卡：伊壁鸠鲁

古希腊哲学家，无神论者，伊壁鸠鲁学派创始人。其学说的主要宗旨是达到不受干扰的平静状态，学会快乐。

知识卡1：希腊化时期的哲学

亚历山大大帝的马其顿王国崛起之后，古希腊原有的城邦政治和社会秩序都受到了冲击。连续不断的战争打破了人们平静的生活，道德败坏的情况也让很多人感到悲观。另一方面，古希腊文化与其他文化之间的交流也变多了。哲学家不再关心宇宙和世界的规律，也不再追问国家的前途，而是想搞清楚关于心灵的问题——一个人在动荡、混乱的社会中，怎样才能找到真正的幸福呢？

知识卡2：快乐哲学

伊壁鸠鲁认为人生的幸福来自快乐，精神的快乐比感官的快乐更重要。而快乐也不是什么难事，没有痛苦就是快乐，这样就获得了精神上的自由。

知识卡3：辩证地看待“快乐哲学”

一方面，我们需要更积极地面对学习，面对生活，面对今后的人生之路；另一方面，有时也别忘记停下匆忙的脚步，想一想自己有没有找到内心的快乐和幸福。

第十五章

另一个芝诺——节制自己的欲望

在上一章，我们说到伊壁鸠鲁学派有一个死对头——**斯多葛学派**。

这一章，我们就要来说说斯多葛学派的创始人。不过他可没有做过什么下三烂的事情，反而因为极强的道德自律受到人们的尊敬。

他的名字叫芝诺。

等一下，芝诺不是苏格拉底以前的哲学人物吗？他不是提出过很多悖论吗？他不是“杠精”吗？

哈哈，其实他们只是两个同名的人。这一章的斯多葛学派的芝诺，和之前那个提出悖论的芝诺姓氏相同，于是根据西方人的习惯，大家就根据二人的出生地来区分他俩。古典时期提出悖论的那位被称为“爱利亚的芝诺”，而希腊化时期的这位被称为“塞浦路斯的芝诺”。

1

其实，我们可以从这两位芝诺的出生地看出古希腊哲学的变迁。

爱利亚在意大利南部，当时也是古希腊的一个城邦，爱利亚的芝诺是希腊人；塞浦路斯则是地中海东部的一个岛屿，位于欧洲和亚洲交界的地方，塞浦路斯的芝诺是腓尼基人。说到腓尼基人，这是一个古老的民族，他们曾在地中海东岸一带建立过高度文明的国家。就在亚历山大大帝东征之后，腓尼基人长期被希腊人、罗马人统治，后来他们的文明就在历史中消亡了。

塞浦路斯的芝诺能够成为古希腊的重要哲学家，正可以体现出希腊化时代的文化交流。在古希腊文化向东传播的同时，中东的文化甚至印度文化也影响了希腊。塞浦路斯的芝诺的思想渊源来自雅典，但他的哲学思想又带有鲜明的东方色彩。

有意思的是，在希腊人眼中，来自塞浦路斯的芝诺就是一个典型的“外邦人”形象：他瘦骨嶙峋，小腿却很粗，身材比例有点失调，而且总是歪着脑袋，看上去病恹恹的——要知道，希腊人是以健美匀称作为人体的审美标准的。

一个外邦人跑到雅典搞哲学，能得到当地人的认可吗？

芝诺还真的办到了。

2

芝诺的家族就像很多腓尼基人一样，从事航海和贸易活动。

他的父亲就是一个商人。在芝诺22岁那年，他带了一船紫色染料从腓尼基航行去希腊东南部的港口比雷埃夫斯，结果路上遇到了海难，他狼狈地上了岸，来到雅典。在这里，他遇到了自己人生的重要转折点。

他走进一家书店，翻开了色诺芬《回忆录》的第二卷，色诺芬也是苏格拉底的学生，这本书里记录了色诺芬的老师苏格拉底的学说和言行。芝诺被苏格拉底的德行和口才折服了，他高兴极了，连忙向人们打听哪里才能找到像苏格拉底这样的人。这时候犬儒学派哲学家克拉特斯刚好从旁边经过，于是书店的老板指着他对芝诺说：“跟那个人去吧！”于是芝诺就成了克拉特斯的学生。

从这段经历就可以看出，苏格拉底和犬儒学派对芝诺的影响——比如，芝诺就非常崇尚简朴的生活。

芝诺在“艰苦朴素”这方面可以说是登峰造极。古希腊有一句俗语，叫“比哲学家芝诺更寒酸”，就是用来形容那些对物质享受没有什么兴趣的人。芝诺总是穿着破烂的大衣，吃的东西也不讲究。芝诺最喜欢吃的食物是面包、蜂蜜和绿色无花果，如果再能喝一点葡萄酒，那在他看来简直就是一种享受了。

不仅如此，芝诺在道德声誉方面也直追苏格拉底和第欧根尼这两位前辈。芝诺在世的时候以品行端正著称，而且他很爱惜自己的“羽毛”，尽可能避免不必要的社交，很少去参加大型聚会。雅典的年轻人都很愿意拜他为师，马其顿国王每次来到雅典都要去听他的演讲。雅典人甚至将城邦金库的钥匙交给他来保管，以此来表示对他的信任和尊敬。人们还为他制作了铜像，在他还活着的时候就为他造好了纪念碑。

追求快乐的伊壁鸠鲁在花园里建了自己的学校，而严肃的芝诺讲学的地方也格外典雅庄严。他常在一个圆柱大厅里给学生上课，大厅的墙壁上是艺术家波吕格诺托斯绘制的许多壁画。“廊柱”在古希腊语里叫Stoa，于是人们把这个学派称为The Stoics（斯多葛）。

3

芝诺是坚决反对伊壁鸠鲁所倡导的“快乐哲学”的。

芝诺认为，伊壁鸠鲁的这种学说是在引诱年轻人，让他们的灵魂放弃对自身责任的追寻。但其实我们发现，这两位哲人还有不少相似的地方：

他们都宣扬要**“按照自然生活”**；他们本人都过着非常朴素的生活，强调精神生活的重要性。但是他们的学说又如此针锋相对——一个提倡要快乐，一个提倡要节制自己的欲望。

芝诺认为，感官是靠不住的，生活的意义并不在于快乐和享受，而且情绪的波动可能会让人丧失理智，所以人要懂得控制自己的情感。因此也有人把芝诺的学说称为**“禁欲主义”**。西方有个谚语叫“斯多葛式的冷静”，用来指那些不会感情用事的人。

那么如果按照芝诺的观点，人要怎样才能获得真正的幸福呢？

芝诺说，要靠德行。他把德行看作人的生命里最重要的东西，至于财富、名誉、健康这些在德行面前都是微不足道的。一个有德行的人就算很穷，也不会丢掉自己的品格；一个有道德的人就算被处死，也不会改变他的德行。

在这一点上，斯多葛学派的观点倒有点像中国的儒家学说——讲究道德。

孔子曰："君子怀德，小人怀土。"

孟子曰："富贵不能淫，贫贱不能移，威武不能屈，此之谓大丈夫。"

那芝诺的这个学说有什么特别吗？毕竟在不同时代、不同国家，人们都会强调道德的重要性。

4

要想弄懂这一点，可以先思考一个问题：

人们内心的道德感是由何而来的呢？

是老师、家长教的，还是我们自己内心本来就有的？人为什么按照道德规范去行事呢？是想得到别人的表扬，还是希望别人也这么对自己，或者是纯粹就是愿意这么做？还有，我们怎样才能区分真正的善和真正的恶呢？

这些问题不是几句话能讲清楚的，古今中外的智者都提出过自己的看法，可能也没有标准答案。而芝诺的贡献就在于他提出自己对道德的见解——这个见解对后来几百年的哲学、宗教的发展都产生了很大的影响。

我们知道芝诺非常崇敬苏格拉底。这位先贤面对死刑判决不为所动，拒绝逃跑，人生的苦难丝毫没有动摇苏格拉底内心的道德准则。

然而，芝诺所说的道德跟苏格拉底所维护的道德已经不是同一回事了。

苏格拉底服从了公民陪审团的判决，因为他对雅典的民主政治还抱有希望，他所捍卫的是城邦的道德。但是时代已经变了，希腊化时期的人们已经不相信城邦的法律还能维护善良、正义和公平。那么还有什么是可靠的、永恒不变的呢？

那就是宇宙，是自然。

芝诺认为，宇宙是一个统一的整体，肯定存在着一种能够解释万事万物的普遍法则——其实这就是赫拉克利特所说的“逻各斯”。

那么，早在普罗塔哥拉的时候，哲学家已经慢慢把古希腊哲学的目光从自然界拉到“人”身上了。为什么到了塞浦路斯的芝诺这里，他又重新开始关注“自然”了呢？那是因为他的想法跟赫拉克利特并不一样——赫拉克利特探索自然是为了理解这个宇宙的本质和规律，而芝诺研究自然的真正目的还是要回到人，是要真正了解“人”。他说，人身上也体现了自然法则。人的理性就是逻各斯的一部分。人能够凭借自己的理性来认识真理，也能够凭借自己的理性来服从宇宙的自然法则。

这，就是道德。

那么人怎样才能实现这种道德呢？那就是跟自然保持一致，也就是跟自己的心灵保持一致。因此，芝诺说“道德就是心灵与理性的和谐”。芝诺把这种和谐叫作自我实现，他认为这是人不能回避的责任。

在这里，或许我们就可以感受到芝诺思想的东方色彩了。

许多东方的文明都很重视心灵与自然的和谐。虽然芝诺肯定没有听说过中华文化，但他的思想跟中国古人不谋而合了。让我们来看看“道德”这两个字。在《老子》这本书里，

“道”指的是世界的最高原则，而“德”是万物所禀受的天道，人身上的德行也就是人所禀受的天道。

老子的学说后来成为道教的理论依据，而芝诺的学说里也带有很多宗教色彩。在芝诺看来，神、自然、命运、心灵都是同一个东西。他认为信奉宗教并不在于祭拜神灵的那些仪式，而是尽可能地让人跟神保持一致。世界是神圣的，因此人也就分享了这种神圣性。

芝诺创立的斯多葛学派其影响一直延续到罗马帝国时代，后期斯多葛学派的代表人物甚至要比早期的更有名，其中就有罗马帝国的皇帝马可·奥勒留。法国哲学家孟德斯鸠曾经这样盛赞斯多葛学派：“只有这个学派懂得如何培养公民，只有它培养了伟大的人物，只有它培养了伟大的帝王。”

然而，到了罗马帝国时代，古希腊哲学已经大不如前了。

公元393年，罗马皇帝狄奥多西一世宣布基督教成为罗马帝国的国教。此后随着罗马教廷的兴起，欧洲进入了长达一千年的中世纪。

而古代西方哲学的巅峰，就此过去了。

人物卡：塞浦路斯的芝诺

斯多葛学派的芝诺，和那个提出悖论的芝诺姓氏相同，于是根据西方人的习惯，大家就以二人的出生地来区分他俩。古典时期的那位被称为“爱利亚的芝诺”，而希腊化时期的这位被称为“塞浦路斯的芝诺”。

知识卡1：简朴的芝诺

古希腊有一句俗语，叫“比哲学家芝诺更寒酸”，用来形容那些对物质享受没有什么兴趣的人。他总是穿着破烂的大衣，吃的东西也不讲究。芝诺最喜欢吃的食物是面包、蜂蜜和绿色无花果，如果再能喝一点葡萄酒，那在他看来简直就是一种享受了。

知识卡2：芝诺的“道德”

芝诺认为人生的意义并不在于快乐，而在于道德。他心目中的道德来自人身上的自然法则。人的责任就是尽可能地跟自然保持一致，所以他说“道德就是心灵与理性的和谐”。

知识卡3：中外智者关于“德”的一些相通之处

老子说，“道”指的是世界的最高原则，而“德”是万物所禀受的天道，人身上的德行也就是人所禀受的天道。

孔子说：“君子怀德，小人怀土。”

孟子说：“富贵不能淫，贫贱不能移，威武不能屈，此之谓大丈夫。”

芝诺说，人能够凭借自己的理性来认识真理，也能够凭借自己的理性来服从宇宙的自然法则。这，就是道德。